二部曲

啟動生技密碼

遺傳醫學解密・新藥研發關鍵・生醫人物傳奇

李宗洲博士　著

Contents

目　錄

自　序

04　破除迷思，打造台灣生技 NO.1

推薦序

07　翁啟惠－連結科技、經濟與人才三構面　提升台灣競爭力

10　楊泮池－產、官、學協力合作　台灣生技產業脫穎而出

12　張進福－禮讚生技行家　祝禱生醫產業

14　李祖德－建立台灣醫材國際品牌　構築全球行銷通路

第一篇　生醫新脈動

18　基因解密　為罕病帶來生命的奇蹟

32　尋找癌症解藥　遺傳醫學再進化

48　幹細胞狂想曲　“訂製器官”不是夢

62　國際標「肝」　台灣肝炎聖戰輝煌史

74　台灣醫療跨越國界　國際舞台發光發熱

86　醫材新契機　國際品牌台灣研製

Contents

第二篇 新藥里程碑

100 基亞生技 肝癌新藥備受矚目
116 中裕新藥 擁有對抗愛滋的終極武器
128 浩鼎生技 揭開癌症治療的密碼
140 寶齡富錦 小資本開發新藥全球上市

第三篇 生醫人物誌

154 翁啟惠 台灣生技舵手
164 何大一 名揚國際的愛滋殺手
174 陳定信 一生對抗國病的台灣肝帝
186 陳垣崇 尋找生命之鑰的罕病救星
198 張念慈 根留台灣致力 MIT 新藥
210 張念原 勇闖台灣新藥開發處女地
222 張世忠 脱下白袍挽救更多生命
232 林榮錦 台灣製藥界「艾科卡」
242 洪基隆 稱霸生技股的微脂體權威

自序

破除迷思 打造台灣生技 NO.1

李宗洲

被譽為 21 世紀鑽石產業的生技醫療，是全球公認最具競爭潛力的產業，多年來，在政府與民間的共同努力下，我國不論在生技人才的培養、產業環境建置，或是產業規模的擴展等方面，都持續地進步中！

投身國內生技產業推動十年來，經常有人會問，台灣生技產業政策的推動，是不是需要一個具有生技科技背景的政委來掌舵？或者一個傑出的生技業界 CEO 來領導？就個人觀點而言，我認為那是一個迷思。如果每個產業都需要具備專業背景的政務委員來推動，那我們就需要很多位科技政委。台灣生技產業領航者最重要的不是具備生技背景與否，而是對生技產業推動是否充滿熱情、是否願意投入更多心力，因為我相信，熱忱（passion）是前進最大的動力。

台灣生技界也普遍存在第二個迷思，就是過往生技政策多將重點放在上中下游的串接與鏈結，但事實上，政府即使花了大筆大筆的研究經費，始終看不到上游的成果會自動跑到中、下游，還是看不到學術成果產業化。因此，行政院在 2009 年推出「台灣技起飛鑽石行動方案」，提出推動整合型育成專業團隊的概念，並於2011年11月成立生技整合育成中心（SI²C），以Branding Taiwan為目標，培植對生技產業有興趣的創業者，主動積極發掘國內外具潛力的案源，進行育成，提供產業發展階段所需的資金、法務、智財、技術及營運等各類協助與輔導，串連產業價值鏈研發能力、平台及核心設施，讓有潛力的新藥與醫材能順利往價值鏈後端推動。

至於政府的角色，不能陷在管理的迷思當中，創造及建構友善的產業環境才是第一要務！就像建置高速公路或高速鐵路這樣的通道，讓所有想要投入生技行列的業者都有機會上路；比如說建構合理的法規環境，以及完善的投資環境，尤其應該鼓勵企業或創投等出資者投入早期研發，以培育更多生技人才和創造更多具市場導向的研究專題。

此外，在醫藥品審核時，也不應該陷入審查過程不公開、被許多業者認為是「黑箱作業」的迷思中。我相信，唯有審查過程透明化與公開化，而且要多參考生技先進國家的制度，才能提供生技產業更寬廣的空間與平台！

儘管有待政府大力改進的地方還有很多，但很欣慰地，台灣生技業已漸漸在國際間嶄露頭角，生技業的佼佼者如基亞、中裕新藥、浩鼎、寶齡富錦和台灣微脂體等公司，都因新藥研發進入最後試驗階段而成為股市明星，肝癌新藥PI-88、全球唯一「抗」愛滋的標靶藥物TMB-355、適用多種癌症治療的新藥OBI-822、第一個由本土研發成功、即將全球上市的化學新藥 Nephoxil，及透過微脂體技術改良的抗癌明星藥品力得等，都證明台灣生技產業擁有傲人的研發能力。

除了在新藥研發上有精采突破，在醫材產業，由北醫李祖德董事長帶領的環瑞醫投資控股集團，更併購了全球排名五大的瑞士品牌 Swissray，使得台灣擁有了第一個世界優質醫材品牌，讓台灣的醫材生產技術得以展現，並藉以發展完整的台灣品牌與通路規畫。

另外，更難能可貴的是台灣生技界擁有許多傑出的科學家和經營戰將，像醣分子研究傲視全球的翁啟惠院長、愛滋殺手何大一博士、台灣「肝帝」陳定信教授、罕病救星陳垣崇醫師、微脂體專家洪基隆博士，以及張念慈、張念原、張世忠、林榮錦等傑出的經營者，為台灣生技界燃起更多希望。

從基礎研究到自創品牌，台灣需要在激烈的競爭中找到自己的出路，多年來，我策畫製作「生醫新藍海」、「綠活新藍海」、「啟動生技密碼」、「啟動生技密碼二部曲」等一系列電視節目，並將節目編著成平面書籍和電子書，除了記錄台灣生技產業的脈動和發展，更希望透過成功案例、專家建言、人物故事，讓台灣生技產業爆發更多能量，並找到與世界接軌的途徑。

在政府啟動生技列車，各項發展條件逐日改善後，非常期待台灣生技產業未來能在更多具備熱情的科技領導人帶領下，開創更多商機，並走向國際生技產業頂峰，打造台灣 MIT 品牌的金色奇蹟。

連結科技、經濟與人才三構面 提升台灣競爭力

根據瑞士國際管理學院（IMD）發布的2012年世界競爭力年報（2012 IMD World Competitiveness Yearbook）顯示，台灣經濟表現由2011年的第8名跌至第13名，以台灣生技產業觀察發展進度也明顯落後，新藥研發進度大多仍在臨床二期結束到臨床三期階段，另外，台灣生技公司計畫發展生技學名藥，在產能規模與速度上，與韓國、中國及印度等亞洲國家相較也較緩慢。

不過，台灣生技產業仍具強大發展爆發力，在所有亞洲國家中，目前只有台灣和新加坡是跟隨FDA（美國食品藥物管理局）法規運作，顯示台灣在臨床研究領域並不輸給其他國家，而且創造力甚至在日本之上，台灣生技產業創新能力依然具備優勢。

李宗洲博士新作「啟動生技密碼二部曲」裡面報導了很多台灣生技產業朝向創新努力、走向成功模式的案例，從中我們可以看到，尋求國際合作對象、拓展國際市場，以華人特有或共通疾病來研發

新藥，都是台灣生技產業可以努力的方向。未來，透過兩岸醫藥衛生合作協議，就華人特有疾病臨床試驗共同合作，讓彼此成為一種競合關係，更是重要策略。

另外，國內生技產業在產品發展過程也同時積極尋找與國際知名公司的合作或技術授權機會，並從與大藥廠合作的經驗，自行開發自有品牌的新產品，也是一種可能的商業模式。

台灣要勇於冒險，發展優勢領域，勇於創新，創新是由改變而帶來價值。而創新不僅是在技術面，也可能是營運模式、設計的創新、體制面的創新、組織架構的創新，甚至是環境與思維文化的創新。以「啟動生技密碼」二部曲裡面所提到的生技公司為例，勇於創新帶來的不僅僅是未來龐大的商機，更是讓台灣走向國際生技產業頂峰的基石與價值。

發展新藥很困難，必須有創新的人才、技術、資金和產業配合，更需要政府支持，建立友善的環境，讓產業界敢放手一搏。以「國家生技研究園區」為例，它是以研究為導向所成立的「研究」園區，主要是以新藥的探索、臨床前研發及臨床試驗為主，結合不同研究單位，有效利用資源，進行目標導向的合作研發，這是國家政策，也是中研院科學研究的任務。

「國家生技研究園區」各項軟硬體配置與服務都依照生物醫學研究所需、針對生物技術開發設計，通盤整合上、中游的研發鏈，以期共享資源，並強化價值鏈。中研院的角色便是上游研發；中游轉譯階段則連結生技中心、動物中心、TFDA 等研究單位的專業及導入商業機制的育成環節，再移至適合製造及產業發展的其他地方繼續經營。園區的設置，預期將可充分發揮「群聚效應」結合人才的研發智慧，並可增進儀器設備的使用效率，更可克服當前生技產業所面臨法規、研發、創業與人才斷鏈的瓶頸。

台灣由於人才供需失衡、產業結構過度集中且附加價值低，以及科研發展未顧及產業需求等問題，造成現今台灣經濟發展困境。希望藉由如「國家生技園區」及「竹北生醫園區」之平台，以科技創新帶動經濟轉型，進而提升台灣競爭力。

（本文作者翁啟惠先生為中央研究院院長）

推薦序

產、官、學協力合作 台灣生技產業脫穎而出

從全球趨勢觀之，生技、醫療、健康產業是繼二十世紀工業、資訊產業之後，最受矚目的新世紀明星產業。目前全球食品、藥品及健康等產業的市場規模逾 4 兆美元，至 2050 年，亞洲更將成為全球最大的藥品市場。

馬總統曾經宣示，我國政府將持續投入研發、鼓勵投資、提升產業競爭力，以產業創新條例來提供企業更優惠的創投環境，並且未來更要將台灣整體產業研發費用，提升至國內生產毛額（GDP）的 3%。

目前台灣的生技產業發展，占全球 8000 億美元產值的 0.6%，

相較於鄰近競爭國家如韓國、新加坡，仍然落後。不過，在政府、學術單位、產業界的協力合作下，已逐漸看到努力的成果，相信在不遠的未來，台灣生技產業必能在全球競爭中脱穎而出。

李宗洲博士新作「啟動生技密碼 二部曲」，詳細描述了台灣生技產業過去的努力與奮鬥，例如：如何讓研發有成的新藥或醫材商品化並進入商業市場，其中的完整策略應用與模式建立規劃；如何在眾多環節中整合技術層面、商業層面、組織層面以及智財層面。書中更談到專業生技人才的組合與構成，而人才培育問題正是目前台灣生技產業必須重視且加速解決的核心議題。

以我本身而言，過去曾擔任台大醫院副院長、台大醫學院院長，並長期任教於醫療機構，深刻體會台灣的醫學教育、基礎研究教育已達到相當高的水準。未來若能加強培養學生解決實際問題的能力，讓所學在產業中更加發光發熱，則不僅有助於提昇學生素質，也加速了產業發展，這是未來台灣應該努力的目標與方向。

過去，台灣的生技教育，在前輩與同儕學者如翁啟惠院長、何大一教授、陳定信教授、陳桂恆教授等人的努力下，質與量的培育皆相當可觀。衷心期許「啟動生技密碼二部曲」能夠與這些向上的能量摩擦出更多、更精彩的火花。

（本文作者楊泮池先生為臺灣大學校長）

楊泮池

推薦序

禮讚生技行家
祝禱生醫產業

李宗洲博士送來「啟動生技密碼二部曲」書稿邀我為序，翻閱之間勾起了許多回憶。

2011 年 3 月 1 日長官把我調離工作兩年九個月的科技顧問組，於是我揮別生物科技產業協調推動的工作。

六大新興產業之一「生技起飛鑽石行動方案」啟動兩年後，我請科顧組同仁把初步的成績彙集成名為「 生技之鑽光芒初綻—生技起飛兩週年關鍵報告」的書，但遲遲沒有量印，也不記得當初的躑躅和猶疑是為那般？這一蹉跎時序就跨入了 2011 年，接著就傳出旗手將易人的消息，書只好擱下了，2012 年 5 月 20 日我正式離開行政院之前決定還是將這段時間的工作紀錄問世，留供後人查考，於是我寫了交代心情的書序「兩年九個月的背負」，請已非我同事的宗洲酌量付印，只低調地送給少數跟這件事情有關的長官、同事、朋友。

這部揭開密碼的書，從「生醫新脈動」、「新藥里程碑」、到「生醫人物誌」，讀來令人振奮，特別是「生醫人物誌」裡頭的這幾位推動台灣生醫產業的靈魂人物，我一氣呵成地讀完他們的成長、奉獻、成就，令我感佩，拜當初協調推動業務之賜，大半的人我都認識，雖然我離開後跟他們已經不再聯絡。

感謝宗洲帶我接近這個產業，讓這個被視為台灣未來希望的生技產業跟我的生命有將近三年的交集，給了我新的知識養分。

最近「生技起飛鑽石行動方案」四角之一的 TFDA，也在為食藥局成立以來的成果集結成「鑽石行動 All in One」書，創局的康照洲兄也來邀序，只因當年，故人尚且記得我，除了感動之外還有甚麼？

我這序算是「兩年九個月的背負」的補遺。

這序是對生技行家的禮讚及對台灣生醫產業祝禱。

（本文作者張進福先生為元智大學校長、資訊工業策進會董事長）

推薦序

建立台灣醫材國際品牌
構築全球行銷通路

台灣和瑞士一樣，都是缺乏天然資源的國家，唯有發揮創意，發展關鍵技術，開創自有品牌，並透過強大通路行銷全球，才能保有更多的生存空間。

然而，相較於瑞士擁有全球知名的製藥、高階醫療器材、鐘表、金融及精密機械等產業，台灣除了台積電、宏碁及捷安特等少數幾個品牌外，缺乏國際級且具競爭力的知名企業，讓人不禁為台灣產業的未來感到憂心。

其實，過去二、三十年來，台灣在光電、機械、軟件等產業的發展及人才培育都已臻成熟，也研發出很多非常優良的產品，卻因缺乏自有品牌及通路，才在激烈的國際市場逐漸失去競爭力。如果再不尋求突破之道，在不久的將來，台灣產業勢將被邊緣化，甚至被淘汰。

為了台灣高階醫材產業找一條出路，兩年多前得知 Swissray 這世界知名數位 X 光診斷影像的領導廠商出現經營困境，有意尋求外來資金時，我就決心拿下這個國際知名品牌，讓這個具品牌優勢的產業平台和台灣的生產技術完美結合，再透過產官學研的攜手合作，將台灣精美產品推向國際，行銷全世界。

在品牌發展策略上由現階段「瑞士皮台灣骨」利用「一通路多品牌」的方式，發展台灣醫材品牌進入國際通路，同時用「零件在地化」的策略，建立台灣醫材零件供應鏈。

在研發策略上，現階段採研發交流與研發分工雙軸同時進行，提升台灣工業產業規格進入醫用產業規格的層次，讓台灣具備開立下一代高階醫材產品規格的實力是我們的終極目標。

為了讓更多人了解台灣生技產業邁向國際的艱辛歷程，李宗洲博士將我們收購 Swissray 的過程，撰寫成「啟動生技密碼二部曲」，讓我們深感榮幸之餘，也備覺責任深重，進而希望透過這些突破性的做法，可以幫助其他同業找到通往國際市場的捷徑，共同為台灣生技界下一個黃金十年打拼。

（本文作者李祖德先生為環瑞醫投資控股集團董事長、台北醫學大學董事長）

第一篇　生醫新脈動

生醫產業發展一日千里，大幅改善人類生活，
基因科技如日中天，為人類帶來新希望！
ATCG 基因排列組合串起了生命的奧秘，
DNA 解密，為人類疾病帶來新的解藥，
針對基因特性治病，效果加倍！
逆轉生命魔法的幹細胞，帶給人類永生的希望，
訂製器官的美夢不再只是狂想。
肝炎聖戰，讓台灣民眾脫離肝病三部曲的魔咒，
台灣的肝臟移植、人工生殖、神經再生醫學，
獨步全球、享譽國際，朝聖者絡繹不絕！
近來，更有控股集團併購國際醫療器材品牌，
為台灣高階醫材研製尋找新的國際舞台，
台灣生技產業下一個黃金 10 年，即將引爆……。

基因解密 為罕病帶來生命的奇蹟

「生命」究竟是如何開始的，一直撩撥著人們的好奇心。西方人相信上帝用泥巴創造人類，並用鼻口賜予生命之氣；中國人則傳說，人頭蛇身的女媧摶土造人，用黃土捏出了泥娃娃，牽引天地靈氣在黃土之上，讓泥人活了過來，擁有了與女媧同樣的說話與思考能力。為了讓人類遍佈神洲大地，女媧拿起一根長長的野藤，用她的神通把野藤伸入到泥潭中，然後用力一甩，無數的泥點被甩了起來，落地之後就變成了芸芸眾生……。

古今中外，人們對於生命的起源賦予了極浪漫的想像。一直到 21 世紀的基因解碼，地球近 30 億年的生命史，才開始一一找到答案。

從 AADC 窺探祖先祕密

驅車南下拜訪欣妙那天，正值颱風外圍環流輕掃台灣，一路深沈的陰鬱，壓得人喘不過氣，也似乎為這趟旅程寫了段楔子：「生命不是永遠陽光燦爛，尤其對某些患有先天性重症疾病的孩子來說。」

車子滑下高速公路，我們循著地址找到一間小平房，一位婦女掬著親切的笑容迎向前來。她是欣妙的阿嬤，稍稍福態的身子，頂著一頭梳理整齊的短髮，看起來神清氣爽，幾撮刻意垂下的瀏海，遮掩著長期哭紅的雙眼。

看到欣妙的剎那，眾人的心頭彷彿被重重捶了一記。眼前這個小女生，不但瘦弱得只剩一層皮包骨，全身上下軟綿綿的，沒有任何力氣，唯獨一雙眼睛黑不溜丟地轉著。當她被輕輕抱起時，細長的脖子和頭幾乎呈 90 度直角，不小心一碰，彷彿就會將她碰壞。

欣妙（右）和哥哥（左）都是 AADC 患者，病症是四肢癱軟無力。

罕見病兒的生命悲歌

很難想像，12 歲的欣妙從沒說過話、沒走過路、沒動手吃過飯。外頭忙碌的世界，和她沒有任何連結，看似繼續走著的生命，卻頑固地處於永恆的停格。

欣妙罹患的是一種相當罕見的疾病 AADC。這 4 個字母，其實是一種腦部神經傳導酵素的縮寫，當缺乏這些傳導物質時，患者便無法控制身體，像接不通的電線。但最可怕的是，平常他們癱軟無力，卻也有不自主激烈運動的時候。AADC 病患發病的時候很像癲癇，患者會突然翻白眼，或眼神呆滯，或四肢緊繃僵硬，而且激烈地扭動身軀，有的甚至因此咬爛自己的舌頭和嘴唇。

曾有個 AADC 病童的媽媽在部落格裡這麼寫著：「第一次看到孩子咬到鮮血流出唇縫，

哭著求孩子別再咬了，真的好害怕，有一天會像醫生説的，必須拔光他所有的牙齒。」

從基因窺探生命奧秘

談到 AADC，台大醫院基因醫學部主任胡務亮用很無奈口吻説，「這些病童生下來幾乎都躺在那邊，真的是一種非常可憐的疾病。」目前這種染色體異常的基因缺陷所造成的疾病無法根治，頂多只能用治療帕金森氏症的藥物，或者透過復健來延緩病情。

然而，到底什麼是基因？為什麼它會有缺陷？有沒有辦法預防或治療？

台大醫院基因醫學部主任胡務亮指出，AADC 目前無法根治。

人類有 23 對染色體，裡頭儲存著大約 2 萬 5,000 個基因，這些基因是由 30 億個鹼基組成的，它是蛋白質胺基酸序列合成的依據。相對於電腦以 0 和 1 做為代號，基因是以 A、T、C、G 這 4 個字母做為編碼，如果用 10 號英文字母連起這 30 億個鹼基，串起的長度可以繞行

生醫小辭典

AADC

芳香族 L- 胺基酸類脫羧基酵素缺乏症（Aromatic L-amino acid decarboxylase, AADC），自出生時所產生的代謝異常疾病，致病原因是負責左巴胺（L-dopa）與 5-HTP 代謝的 aromatic L-amino acid decarboxylase（AADC）酵素缺乏，造成身體多巴胺（Dopamine）與血清素（Serotonin）缺乏，形成嚴重的發展遲緩以及自律神經系統功能失調（autonomic dysfunction），它是一種染色體異常的基因缺陷，當父母身上各藏著隱性基因缺陷時，下一代就有四分之一的機率會發病。

地球608圈。而這個龐大的生命密碼，不但排列成平衡的雙螺旋，而且每個人的基因序列都不一樣。

基因缺陷導致遺傳疾病

換句話說，基因裡嵌著上帝最原始的創作，掌握著每個獨一無二的生命體。這個生命密碼有30億字元，不但長而且分裂許多次，所以中間難免產生錯誤，一般情況下，生命的機制是可以自動校正或修補，只是，一些無法彌補的重大錯誤，就會導致嚴重的遺傳疾病。

欣妙罹患的罕見疾病AADC，就是7號染色體P11的位置出現突變，能否糾正錯誤的基因，是這類遺傳疾病唯一的希望。

對其他國家來說，AADC相當罕見，在台灣相對較多。彰化基督教醫院婦產科主任陳明引述媒體的報導表示，「全世界大概有100個家庭有這個病，但光是在台灣就有幾十個病例。」

近年來醫學界致力尋找基因治病的密碼。

生醫小辭典

染色體

染色體（Chromosome）存在細胞核內，由DNA與蛋白質所組成，易被鹼性染料染成深色，所以叫染色體，是細胞內具有遺傳性質的物體，也就是基因的載體。

正常人體每個細胞內有23對染色體，包括22對常染色體（或稱體染色體）和一對性染色體。性染色體包含X和Y染色體，其中長度較長且兩臂明顯的，稱為X染色體；另一個一臂短短的，稱為Y染色體。性染色體決定人類的性別，男性是X染色體加Y染色體（XY），女性則是一對X染色體（XX）。

罕見疾病多和遺傳有關

為什麼它最常發生在台灣？其實，醫界也不清楚原因，但若真要追究起來，「祖先效應」恐怕是唯一的解釋。

放眼全球4,000多種罕見疾病中，幾乎都和祖先的遺傳有關，而且某些罕見疾病在某些國家特別多。例如，中國人的AADC就特別多；非裔美國人的龐貝氏症是平均值的3倍；至於重視純正血統的猶太人，因某些特殊基因無法被有效稀釋，也常有其他族群罕見的遺傳疾病，像發生機率只有百萬分之一的高雪氏症，在猶太族群裡卻高達十五分之一。

由於缺陷基因是這類疾病的源頭，能否從基因下手，尋求解決的方法，是目前醫界努力的方向。

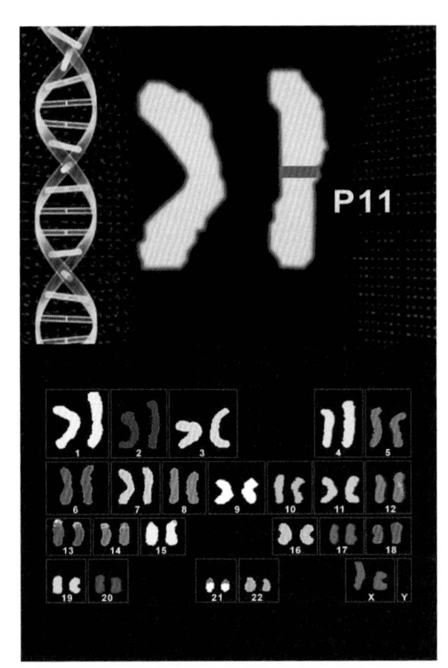

罕見疾病AADC，就是七號染色體P11的位置出現突變。

生醫小辭典

基因

基因（Gene）是攜帶有遺傳信息的DNA序列，是遺傳的基本單位，親代的遺傳性狀會藉由基因傳遞給子代，每一個基因會透過轉錄作用和轉譯作用對生物體的形態和功能產生影響。

每一個活細胞都擁有一套該物種特有的基因，在染色體上基因以線性依序排列，如果用電子顯微鏡把染色體放大，就可看到基因纏繞在上面。

很多疾病都和基因有關，其中腫瘤問題最受關切。人類細胞生長受生長因子控制，當生長因子的基因出現問題時，細胞就會過度生長，形成腫瘤。

罕病解藥－基因療法

一般病毒在感染細胞時，會釋出病毒基因到細胞核進行複製，科學家利用這種原理送入正常的基因，因而有了基因療法的問世；當然，病毒在被送入宿主細胞前，必須先把致病的基因拿掉，這個改造後的病毒就成為一個完美的載體。在常見的病毒載體中，腺病毒是基因轉殖效率最高，而且是種類最多的一種。

不過，1999 年美國費城一名 19 歲少年，接受腺病毒為載體的基因療法而急性中毒死亡，重創了基因療法的發展，直到腺相關病毒被發現。

腺相關病毒是屬於一種較長效型的載體系統，不但不會誘發強烈免疫反應的副作用，而且感染力強，不過它的製作難度高，費用也較昂貴。

生醫小辭典

基因轉殖方式

目前的基因治療是利用基因轉殖的工具－載體（Vector），將基因片段植入病人細胞內，以維持正常基因表現。一般將基因送入細胞主要載體有 2 種：

1. 非病毒載體（Nonviral Vector）

   利用裸露的 DNA 把帶有目標基因的質粒（Plasmid），以注射方式送入體內，這個方法比較簡便，但送入細胞的效率並不高；因為即使裸露的 DNA 可以順利進入細胞，也很容易被細胞內的酵素分解，因此很難進入細胞核內進行作用。

2. 病毒載體（Viral Delivery System）

   病毒具有感染細胞的作用，所以利用病毒當作載體是一個高效率的基因傳送系統。但這個方法必須先把病毒本身會致病的基因剔除，再由轉殖的治療基因取而代之。目前常用的病毒載體為：反轉錄病毒載體（Retroviral Vector）、腺病毒載體（Adenovirus Vector）、腺相關病毒載體（Adeno-Associated Viral Vector）、慢病毒載體（Lentiviral Vector）及外套膜蛋白假性病毒載體（Envelope Protein Pseudotyping of Viral Vectors）等。

馬偕醫院小兒遺傳科主任林達雄的神經傳導老鼠實驗成果震驚國際。

利用神經傳導進行治療

坐落在竹圍的淡水馬偕醫院實驗室裡，遺傳中心主任林達雄正在測試幾隻老鼠的運動能力，牠們原本都有嚴重的神經病變，如今可以正常爬欄杆，跑步，過去不可逆的神經退化現象，在動物實驗裡看到令人震驚的結果。這個實驗成果在 2011 年 8 月刊登於國際著名期刊《分子遺傳與代謝》（Molecular Genetics and Metabolism），並獲選為封面故事。

林達雄是將正常的基因送到神經較集中的脊髓軸突處，由於神經有傳導的特性，利用這種特性可以將正常的基因表現一路從小腦、腦幹，傳到脊髓末梢，等於整個中樞神經系統，都可以得到完整的基因治療。

林達雄以送貨來比喻這種基因治療：「如果我們將貨載到台北，台中，高雄等集散中心，然後再利用當地的捷運或公車系統，將貨分送到個各地方角落，如此一來，縱貫線上的重要鄉鎮城市都可以領到貨。」

台大醫院跨部門醫療小組，已有成功治療 AADC 罕病案例。

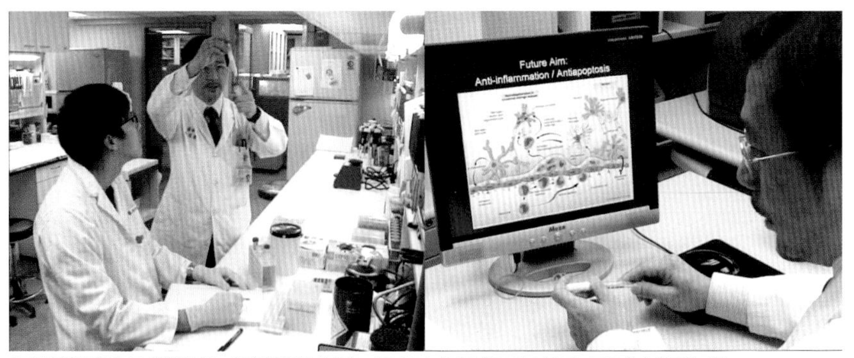

馬偕醫院動物實驗證明，透過神經傳導，整個中樞神經可以得到完整的基因治療。

台灣基因治療成果豐碩

台灣最重要的基因治療成果，2012 年 5 月 16 日刊登於“科學轉化醫學”（Science Translational Medicine）雜誌。台大醫院胡務亮醫師及曾勝弘醫師，以基因醫學部、小兒部、外科部及神經部等跨部醫療團隊，成功進行全球首例的 AADC 基因治療。

研究團隊利用腺相關病毒 2 型 Adeno-Associated Virus serotype 2（AAV2），做為攜帶基因的載體，再利用立體定位腦部手術，將病毒載體注入患者腦部的殼核位置。在一期臨床試驗裡，接受基因治療的 3 個女孩及 1 名男孩，在治療後病情都有明顯的改善，追蹤最久的患者已經有 2 年，她從治療前躺著不能動，到現在已經開始學習站立。

這項發展結合了世界一流團隊的力量，包括日本大學的帕金森氏症基因治療團隊及美國佛羅里達大學的病毒製造中心。在基因治療這生物科技最尖端的領域，台灣和先進國家並駕齊驅，正戮力攀上頂峰。

基因是以 A、C、G、T 這四個字母做為編碼。

打開 DNA 潘朵拉盒

1865 年，奧地利傳教士孟德爾在高矮莖豌豆的配種中，意外發現基因與遺傳的祕密，這是人類第一次關注到遺傳因子。俗話說「種瓜得瓜，種豆得豆」，其實就是遺傳科學最白話的解釋，而決定這些遺傳特性的，是去氧核醣核酸，簡稱 DNA。

包括動植物在內的所有生命，都是以基因做為傳遞的最小單位。換句話說，所有生物的化學基本構造都一樣，都是 DNA，但因為上面所攜帶的訊息不同，才有了天下萬物不同的生命奇蹟。

你也許很難相信，人類和果蠅有 60% 的基因相同；和老鼠有 98% 相似；和黑猩猩則 99% 差不多，至於人與人之間高達 99.9% 一樣。正因為這 0.1% 微小的差異，造成人與人之間，外表及個性上的不同，也造就這世界獨一無二的生命個體。

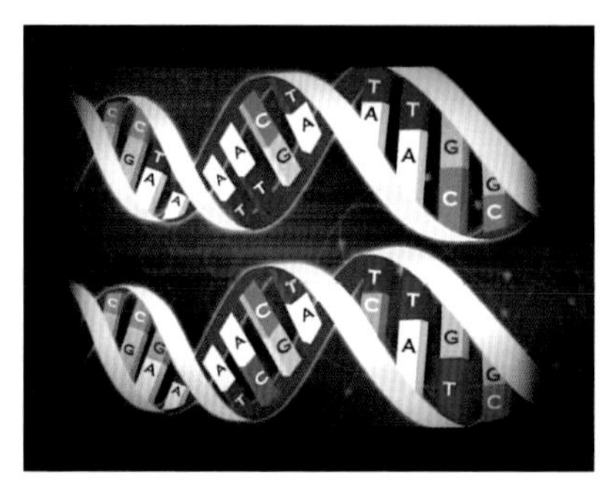

人與人之間只有 0.1% 的基因差異。

生醫小辭典

DNA

去氧核醣核酸（DeoxyriboNucleic Acid），簡稱 DNA，控制生物的遺傳和生理，是生命中最重要的化學物質。

最早分離出 DNA 的，是一名瑞士醫生弗雷德里希・米歇爾；他在廢棄繃帶裡殘留的膿液中，發現了一些只有顯微鏡下可以觀察到的物質，這些物質存在於細胞核之中，因此被他命名為「核素」（Nuclein，也可稱為核酸）。

1953 年，英國生物學家華生（James Dewey Watson）和物理學家克立克（Francls Harry Compton Crick），才將它具體化，做出了人類第一個的 DNA 模型。從此，它成為萬物生命舞曲定調的基本音符。

基因科學帶來新希望

自從 DNA 被發現後，人類一直想挖掘更多隱藏在其中的祕密，但一直到這一、二十年，才有真正的進展。

1985 年，美國科學家 Renato Dulbecco 提出想解讀人類 DNA 序列的構想，隨後美國政府在 1990 年拍板定案，預計耗資 30 億美元，以 15 年的時間定出人類 DNA 核苷酸所有序列，人類基因體計劃就此展開。

後來，在美、英、法、德、中、日等 6 國科學家的通力合作下，2000 年提早完成了人類基因的定序草圖。這個基因資訊成為人類共有財，公開在美國國家生物資訊中心（NCBI）的基因資料庫裡，提供所有科學家查詢。

由於這個計畫具有重大的科學意義，與曼哈頓計畫和阿波羅登月計畫，並稱為人類科學史上的 3 大工程。這個計劃所引爆的基因科學，不只寫下人類文獻重要的一頁，更為許多破碎的家庭，帶來了前所未有的新希望。

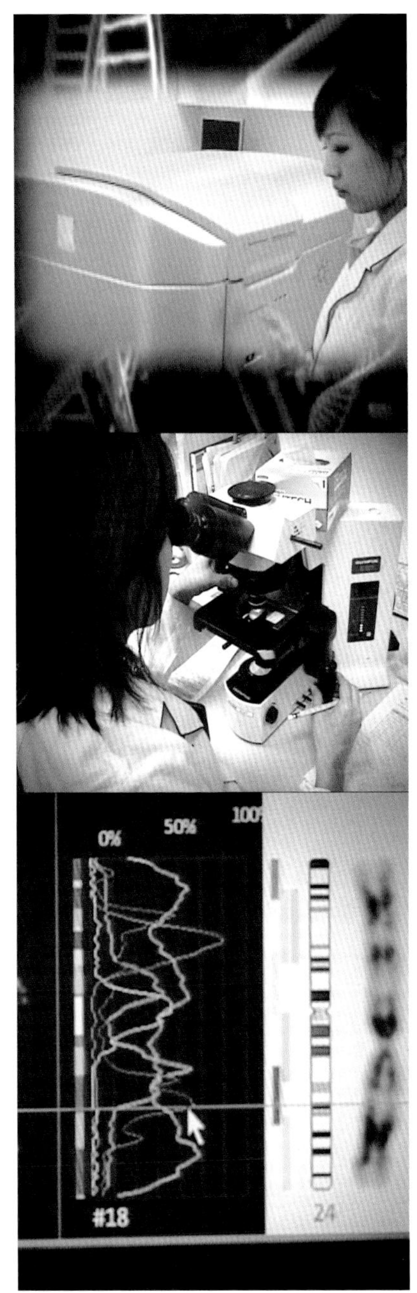

人類探究 DNA，下一步就是建立人類基因資料庫的存檔查詢機制。

生醫小辭典

人類基因體計畫

從 1990 年 10 月 1 日正式展開的「人類基因體計畫」（Human Genome Project，簡稱 HGP），是一項由美國國家衛生研究院（NIH）與英國「衛爾康基金會」（WellcomeTrust）等公共經費出資，美、英、法、德、中、日等國科學家為首，共 18 個國家參與的全球性計畫。

原計畫以 15 年時間、30 億美元，描繪出人類基因體的遺傳圖和物理圖，並且定出人類 DNA 的全部核苷酸序列，以及替基因定位，解讀人類基因體序列，鑑別人類基因及功能，為「生命天書」進行解碼。

1998 年，科學界傳奇人物文特（Craig Venter）博士所創立的賽雷拉公司（Celera Genomics）宣稱只需 3 年便能完成人類基因體的定序，自此展開與 NIH 的激烈競爭，加速了人類基因體計畫的完成。

2000 年 6 月在白宮例行會議上，「人類基因體計畫」團隊和賽雷拉公司發表他們的研究成果。2001 年 2 月，兩個團隊分別在「自然」和「科學」期刊公布了人類基因組序列，人類基因體定序近乎完成。

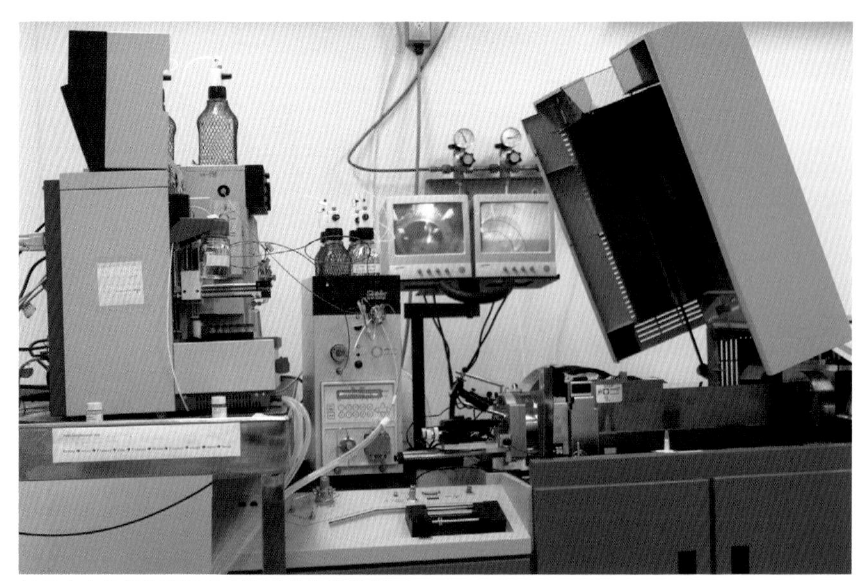

基因定序與解碼開啟了人類醫學與科學新頁。

彰化基督教醫院基因醫學部主任陳明指出，PGD 檢測把遺傳疾病篩檢提前到胚胎期。（圖片提供：彰化基督教醫院基因醫學部）

無解罕病讓父母心碎

從彰化基督教醫院基因醫學部主任陳明那兒聽到一個故事，讓我們忍不住揪著心頭南下拜訪這故事的主角。

富美和她夫婿結婚多年沒有子嗣，借助人工生殖技術，順利生下一對雙胞胎，但這對 7 個多月就早產的雙胞胎，一個因腸壞死而夭折，一個在幾個月後被診斷出罹患罕見疾病 AADC。苦撐 4 年，這位小天使最後還是離開了愛他的父母。

沒多久，富美自然懷孕，剛走出喪子之痛的她深信，這胎自己來報到，會是個健康的孩子。沒想到孩子出世後幾個月，同樣被確診是 AADC 病童，之後的第 3 次和第 4 次懷孕，都在 12 周時做了絨毛採樣，同樣逃不過 AADC 的魔咒。

透過 PGD 篩檢缺陷胚胎

富美 3 個出世的孩子，都沒能活過 5 歲，後來的 2 次懷孕，也被迫人工流產。生命的喜悅在富美的記憶中一片空白，而且支離破碎。

在保守的鄉下，她選擇用堅強來掩飾自己的絕望，忍痛孤獨走了 9 年，直到 PGD 技術

PGD

PGD 為胚胎著床前基因診斷（Preimplantation Genetic Diagnosis），透過試管嬰兒的技術，在受精卵第 3 天、分裂成 8 個細胞時，吸取一兩個細胞做基因篩選，等確定是健康的胚胎，再植入子宮。

的成熟，她才重新有了做夢的勇氣。

陳明主任表示，「以往是懷孕後再進行絨毛採樣或羊膜穿刺，如果不幸又懷到重症胎兒，必須進行流產，對母親身心都造成傷害，現在把篩檢提前到胚胎期，只要懷孕，可以確定不會是帶有家族遺傳疾病的不正常胎兒。」

彰化基督教醫院基因醫學部成功開發出客製化胚胎基因診斷晶片。（圖片提供：彰化基督教醫院基因醫學部）

基因檢測為疾病解密

在人類 2 萬多個基因中，有數千個和遺傳疾病有關，每個基因的突變形式不同，有的是單點突變，有的是大段缺失。病人在抽血確定基因突變的型式後，只要 1 個月的時間，就可以完成客製化的基因診斷晶片。一些較單純的基因，例如先天性聽障及地中海貧血，製作過程較簡單，花費也較少；但一些較困難的基因如玻璃娃娃及侏儒症等，就比較困難些。

抽羊水報告要等兩個多禮拜，縮短等候檢測成果的時間是科學家們努力的目標。

對於複雜的基因科技，陳明主任解釋：「比如在大池塘裡有兩萬多隻魚，我們可能不知道要釣哪一隻，但如果在某一家族裡，已經知道某個基因突變造成遺傳疾病，這就好像將雷達裝在魚的身上，所以我們就只要去釣那隻魚。」

透過 PGD 基因檢測，富美終於懷了健康的小娃娃，連續失去5個孩子的傷痛，終於有機會被洗滌療癒。如今，看著孩子開始喊爸爸媽媽，夫妻倆感動得抱頭痛哭，她泣不成聲地說，「他會拿著奶瓶、拿玩具起來玩的時候，我真的感動得哭了。一般的媽媽可能不覺得什麼，但這些卻讓我很感動，因為這是以前的孩子做不到的。」

努力探究基因密碼

然而，儘管基因科技在這十多年來，獲得前所未有的神速發展，許多疾病仍然無法找到解答。對於這種無力感，致力於基因治療的胡務亮感嘆地說，「這些有罕見疾病的孩子們都病得很重，而且生下來就有問題，可是父母放棄他們孩子的例子非常非常少， 大多數的媽媽跟爸爸都無怨無悔、一輩子照顧他們生病的孩子。」

至今，人類還在努力探究生命的奧祕。也許在不斷嘗試中，還沒能找到完美的答案，幸好，愛能彌補所有傷口。

生醫小辭典

基因檢測

基因檢測（Genetic Test）是現代醫學在遺傳疾病的偵測上重要的工具之一，簡單來說就是檢測人體基因，從染色體結構、DNA 序列、DNA 變異或基因表現，來評估個人特殊體質，及預測與基因遺傳有關的疾病，以了解人體可能受到的疾病威脅、出現的機率，以及對藥物的反應等。

由於基因檢測這項革命性技術，可以事先發現受測者是否具有基因變異，預測遺傳疾病發生的可能性，同時尋找更有效的解決方法，對人類健康和醫學貢獻甚大，所以美國《時代雜誌》把它評選為 2008 年度最佳創新改革（Best Inovation of 2008）。

尋找癌症解藥 遺傳醫學再進化

人類基因解碼後，醫學也跟著一日千里發展。在生病的時候，如何針對不同的體質，找出最適合自己、最大療效、最小副作用的藥，這就是所謂的「個人化醫療」。

事實上，許多的癌症治療已經慢慢步入這個領域，目前比較成熟的，包括乳癌、大腸直腸癌、非小細胞肺癌等等。依不同基因治療的發展，讓人類醫學一再突破瓶頸，甚至有人預測，未來人類將有機會活到兩百歲以上。

遺傳基因決定體質

也許你很羨慕有些人怎麼曬都不會黑，或是怎麼吃都不會胖，其實這就是所謂的體質，更科學一點的說法，是因為我們 DNA 組成的不同。

85 歲的陳伯伯，早年因為經商的關係，經常應酬，菸酒檳榔來者不拒，還常熬夜打牌，更沒有運動習慣，但老天卻很眷顧他，到了 85 歲，還可以不用別人攙扶在自家附近公園走上好幾圈，身體硬朗得不得了。

另一個家住高雄的鄭媽媽，今年 65 歲，意外在一次的身體健檢中發現罹患大腸癌第一期，後來她的手足都去做了大腸鏡檢查，結果全家 7 個兄弟姐妹中，有 6 個都長有瘜肉，或罹患了大腸癌。

顛覆一般人刻板印象的是，他們平常飲食少油多蔬果，極重視養生，都不是愛肉一族，因此這家人在高雄醫大附設醫院肝膽腸胃科成了特殊案例。

幾年前鄭媽媽在切除 3 公分腫瘤後，每年定期照大腸鏡。去年檢查還一切正常，沒想到時隔一年，又照出一個小腫瘤，而且經切片證實，是極惡性的癌細胞。由於一般正常黏膜長出瘜肉，再演變成大腸癌，大概會花上 10 年的時間，她卻在短短 1 年之內就長出壞東西，這令主治醫師吳登強感到驚訝。

「醫生看我這樣子，就一再叮嚀我的孩子一定也要定期做大腸鏡檢查，因為這個遺傳的基因實在太強了。」

健康養生不代表癌細胞就不會上身，鄭媽媽就是活生生的例子。

醫師為民眾說明如何藉由基因檢測預知風險，及早預防疾病發生。（圖片提供：台灣基康）

基因變奏曲—癌症

人人聞之色變的癌症，其實除了外在環境外，也跟基因大有關連，這其中包括致癌基因與抑癌基因。致癌基因主要是受到外在環境的影響而誘發，這時抑癌基因就要及時啟動，才不會使癌細胞惡化。不過，通常一個人要發生癌症，至少要有 5、6 個基因發生突變。

以大腸癌為例，正常結腸細胞在 5 號染色體發生突變後，會使細胞出現增生的現象，產生正常細胞的瘜肉；參與細胞生長分化調控的 ras 基因這時如果也突變，就會開始形成腫瘤；而當 18 號染色體有缺失時，腫瘤就開始成長擴散；如果 17 號染色體也產生錯誤時，就會演

生醫小辭典

ras 基因

最早發現的癌基因之一，在細胞增殖中占有關鍵作用，與人類腫瘤相關的基因包括 H-ras、K-ras 和 N-ras，分別定位於人體第 11、12 和 1 號染色體。

1982 年，美國 MIT 學院的 Robert Allan Weinberg 教授發現人體膀胱癌細胞中有活化的 H-ras 基因後，科學家們便開始投入 ras 癌基因在人體腫瘤發生和發展的相關研究。經過多年研究顯示，ras 癌基因和多種腫瘤形成有關。

ras 基因的點突變通常導致 ras 從原癌基因（proto-oncogene）向致癌基因（Oncogene）轉化。目前在膀胱癌、結直腸癌、乳腺癌、肝癌、肺癌、胃癌、腎癌、胰腺癌及造血系統腫瘤中，都檢測出 ras 基因異常。

不過，不同類型的腫瘤，ras 突變率不同，像胰腺癌就高達 90%，但膀胱癌僅佔 6%；另外，突變 ras 基因的種類與某種腫瘤相關，例如泌尿系統腫瘤以 H-ras 突變為主，結腸癌、胰臟癌和肺癌等多發現 K-ras 突變，造血系統腫瘤則和 N-ras 突變有關。

變成早期癌症。

換句話說，癌症的發生，其實是一連串基因變異的結果。

和信治癌中心醫院高國彰主任，近年來致力於研究癌症與基因之間的關連性。對於一般人以為基因只是罹癌與否的關鍵，他特別提出了澄清：「先天的基因和腫瘤的發生有關，但後續腫瘤細胞基因突變更決定容不容易轉移，轉移到哪裡，以及繁殖速度的快慢等等，這些都跟基因息息相關。」

和信醫院醫學研究部高國彰主任表示，癌細胞轉移和繁殖速度都和基因有關。（圖片提供：和信治癌中心醫院）

偵測基因修正治療

2001 年出爐的人類基因序列草圖，就是為了探究各種疾病和基因之間的奧祕，由於 DNA 裡所隱含的訊息非常龐大，目前科學界所能清楚掌握的，可能還不到百分之五。不過，在癌症的新藥開發與治療，逐漸看到重要成果。

像肺癌病人只有 “Epidermal Growth Factor Receptor”（成長因子受體）突變的時候，才會對新的標靶療法有所反應。而大腸癌病患在接受

1865 年，奧地利傳教士孟德爾在高矮莖豌豆的配種中，意外發現了基因與遺傳的祕密，這是人類第一次關注到遺傳因子。

治療時，可以驗“K-ras”基因，如果有突變，對於某種十分昂貴的抗體治療就沒什麼效果。

換句話說，在實驗室裡偵測這些基因的突變，可以修正治療的方向，找到效果最好，副作用最低的方法。

從基因看未來

科幻電影「千鈞一髮」把基因科學的發展描寫得淋漓盡致。就像電影的英文原名GATTACA，用基因裡的4個鹼基（A、T、C、G），拚湊成人們對基因解碼的各種幻想。

電影「千鈞一髮」講述一個極可能在未來會發生的故事。在這部對未來充滿想像的電影中，人類透過DNA篩檢下一代，走在街上的，個個腦袋聰明，身材健美，他們都是完美基因下的產物。但片中的男主角從一出世，便在腳心上扎了一滴血，這滴血讀出他未來患有心臟病的機率高達99％！

生醫小辭典

標靶療法

多種癌症致力發展的「標靶療法」（targeted therapy），又稱作「導彈式治療」，以藥物直接破壞腫瘤或癌細胞的突變、增殖或擴散的機轉，阻斷癌細胞生長或修復的作用，精準擊中癌細胞，避免傷害正常細胞，減少副作用，達到抑制癌細胞生長、促進癌細胞死亡、防止癌細胞擴散的目的。

目前抗癌標靶藥物主要分為3類：

1. 抑制癌組織血管增生的標靶藥物：例如治療轉移性大腸直腸癌的SU-54165、治療多發性骨髓瘤的Thalidomide。
2. 阻斷癌細胞訊息傳遞的標靶治療：例如治療慢性髓球性白血病的Glevic、治療惡性胃腸道結締組織瘤的Iressa。
3. 針對細胞表面抗原開發的單株抗體：例如治療大腸直腸癌的Avastin。

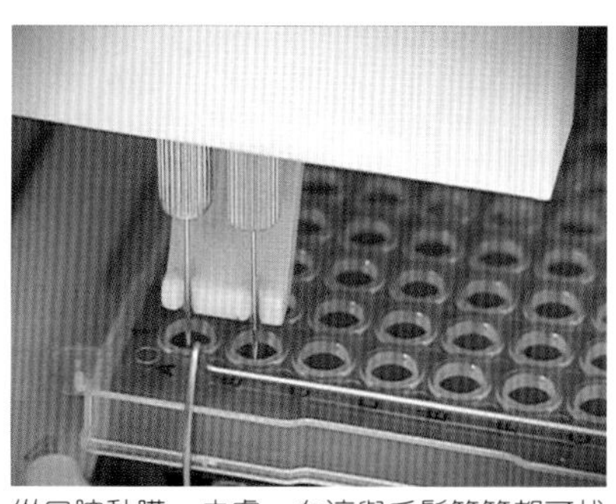

從口腔黏膜、皮膚、血液與毛髮等等都可找到 DNA。

這看似極富想像的電影情節，其實離現實生活並不遙遠。

預測未來健檢問世

兼任國寶人壽及西湖度假村及台灣基康公司董事長曾慶豐，最近拿到一份「預測未來」的健檢報告，結果出乎他的意料。

「我拿到報告時，第一個反應是這一定有問題。因為我每一年都健康檢查，血糖都很標準，怎麼會說我有 80% 的機率會罹患二類型糖尿病。還說我有很高的機率會禿頭，可是冷靜下來想一想，對啊，我的姑姑、阿伯都是糖尿病過世的，而我爸爸也有禿頭。」

與生俱來的疾病風險，也許無法改變，卻可以因為良好的運動與生活習慣，延緩疾病的發生，這是這份健檢與眾不同的地方。

基因解碼，科學算命

「它不像你得到什麼病，把它檢查出來你確實是得了這個病，得了也沒辦法，只能治療而已，它的好處是讓你提早知道，提早準備。」所以，曾慶豐現在努力維持體重，也不

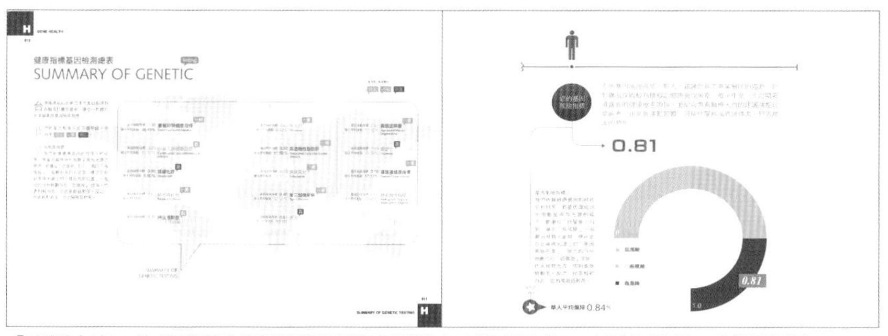

「預測未來」的健檢報告透過基因檢測來預測未來罹病可能。（圖片提供：台灣基康）

攝取甜食，過去因忙碌不常洗頭的習慣也全改。

很多人也許懷疑，還沒有發生的預言到底準不準確，哪來的科學根據，又如何來檢驗？

其實這份「預測未來的健檢報告」，分析的是每個人基因。由於人與人之間的基因有0.1%的不同，這微小的DNA差異，使得每個人的體質相異，對於某些疾病的易感性也有所不同。過去對於不同的體質很難量化，現在因為基因解碼而有了具體的量化工具。

換句話說，這種基因檢測可以「分析」包含癌症、心腦血管疾病、第二型糖尿病、阿茲海默症、帕金森氏症等多項罹患疾病風險因素，甚至連嬰幼兒的天賦潛能（身高、性格、運動能力、視力等）都能提早預知。而且因為有科學的背書，已成為最夯的健檢項目。

基因控制健康因子

有位美國科學家用一個比喻來解釋生病，他說基因就像一個上膛的子彈，而扣下扳機的是環境因素，換句話說，如果知道自己的基因弱點，進而改變生活型態，就能防止疾病的發生。

但問題是，要如何知道基因弱點呢？其實只要一點點血液或唾液，就可以找到答案。

我們的口腔黏膜，皮膚，血液與毛髮等等，都能找到DNA。在經過萃取與比對後，逐漸釐出「正常」與「異常」的標記。賽亞基因科技總經理陳奕雄解釋：「當你蒐集一群共同擁有某種類型疾病的人，分析他們的DNA，他們的基因，找出他們共同一致與正常人的差別，就會了解致病點。」

目前美國、丹麥、中國和日本等4個國家已建立自己的基因庫，隨著檢

全世界目前已有美國、丹麥、中國和日本等4個國家建立自己的基因庫。

體的累積，人們發現，幾乎一切和健康相關的因子，都是由基因全權控制，連能不能喝咖啡也都和基因有關。

基因健檢降低罹病率

安法診所院長王桂良指出，「喝咖啡可以保護心血管、抗憂鬱、抗氧化，不過每個人對

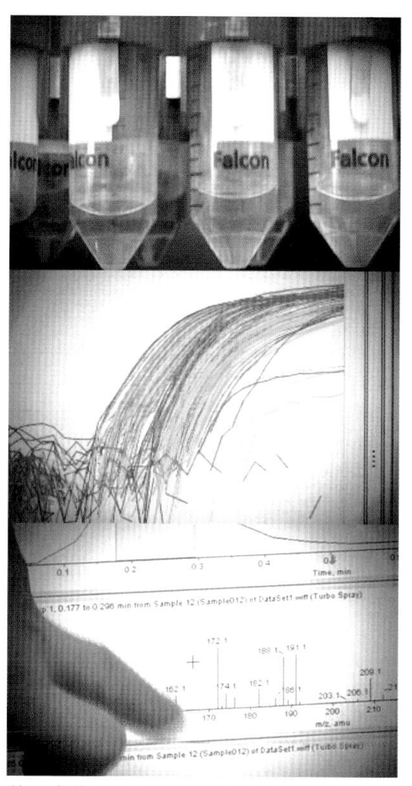

萃取出的DNA透過基因晶片在電腦上呈現出四種顏色的美麗弧線，即可判讀基因序列。

安法診所院長王桂良表示，透過基因檢測能知道每個人適合的飲食。

咖啡因的耐受性不一樣，有的人喝多了會心悸、胃酸分泌過多。但究竟多少是你的極限呢？這時檢測基因，就可以測出你每天最多可以幾杯咖啡。」

基因檢測在現代社會的應用已經愈來愈普遍。最早展開基因檢測的美國，至今已有8百萬人受檢，而根據這些結果推測，家族性大腸癌將因此下降90%，乳腺癌也將下降70%。

在台灣，號稱擁有華人最大基因資料庫的賽亞基因科技，也推出了基因檢測的健檢服務，一次的檢體可以預知40種常見疾病的罹患風險。「人類對於自己的未來一直都充滿好奇，而看DNA其實比紫微或星座等任何算命都要來得準，因為這是一個很科學化的東西，是透過

比對與歸納，而得到的結論。」賽亞基因科技總經理陳奕雄一語道破基因檢測健檢大受歡迎的原因。

事先掌握藥物過敏問題

這種基因檢測不只能預測未來可能罹患的疾病，連無可預期的藥物過敏，也能事先掌握。

2011 年元月，一名大學生服用癲癇藥物後送醫不治，後來證實他罹患了罕見的史蒂芬強生症候群，這種症候群是一種嚴重的藥物過敏。一般藥物過敏可能只是起小小的紅疹，但這種病人

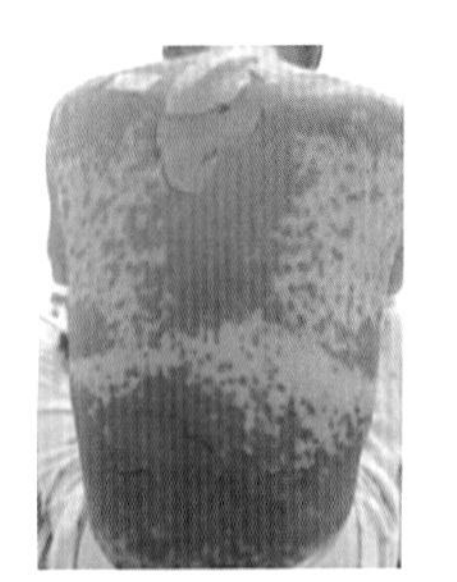
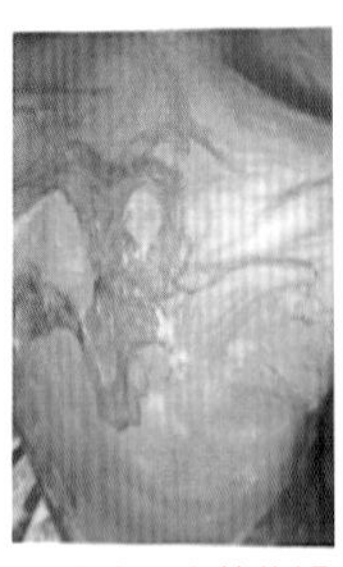

「史蒂芬強生症候群」是一種嚴重的藥物過敏病，致死率高達 10%。

起紅疹的皮膚，就像燙傷的病人一樣，而且不只皮膚，連黏膜都會潰爛，包括口腔黏膜、呼吸道黏膜、腸胃道黏膜等等。這些病人不能吃、不能喝、不能呼吸，致死率高達 10%。

造成史蒂芬強生症候群的致

生醫小辭典

史蒂芬強生症候群

Steven-Johnson Syndrome，縮寫為 SJS，是一種嚴重的多形性紅斑，發生的原因與感染、藥品及抵抗力減退有關。

最常見的是由藥物引起的皮膚廣泛性脫落、壞死及黏膜糜爛等，此症會影響表皮的細胞死亡，導致真皮與表皮分離，屬於皮膚與黏膜的嚴重過敏反應；波及肺、肝、腎、腸胃等器官及血液系統時，將造成體液流失、體溫失調及代謝率增加等問題，是一種有致命危機的罕見疾病。

常引起史蒂芬強生症候群的藥物包括：非類固醇抗發炎藥（NSAID）、抗癲癇藥物、磺胺類（Sulfonamide）及降尿酸藥（Allopurinol）等。

命基因 HLA-B*1502 存在於 6 號染色體，一旦帶有這基因，發生嚴重藥物過敏的機率是一般人的 2,500 到 3,000 倍，最特別的是，它只存在於亞洲人身上。

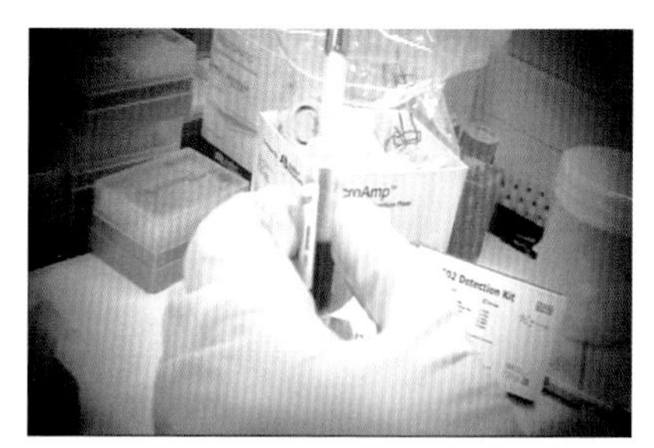

基因檢測可以避免藥物過敏的問題。

台灣率先進行藥前檢測

「我們發現這基因，在華裔人種 100 個人中，有 8 個人帶有這個基因，不過在美國看不到這個基因，或者非常非常少。所以某些藥對他們很安全，對我們卻非常不安全。」中研院院士陳垣崇花了十多年才找出這個基因，並刊登於全球最權威的科學雜誌，成為台灣基因研究令人驕傲的一頁。

台灣在 2007 年成為全球第一個用藥前基因檢測的國家，並針對東方特有體質開發出的基因診斷工具，目前獲得歐美紐澳和日本等全球專利，成為台灣少數自行研發，並外銷世

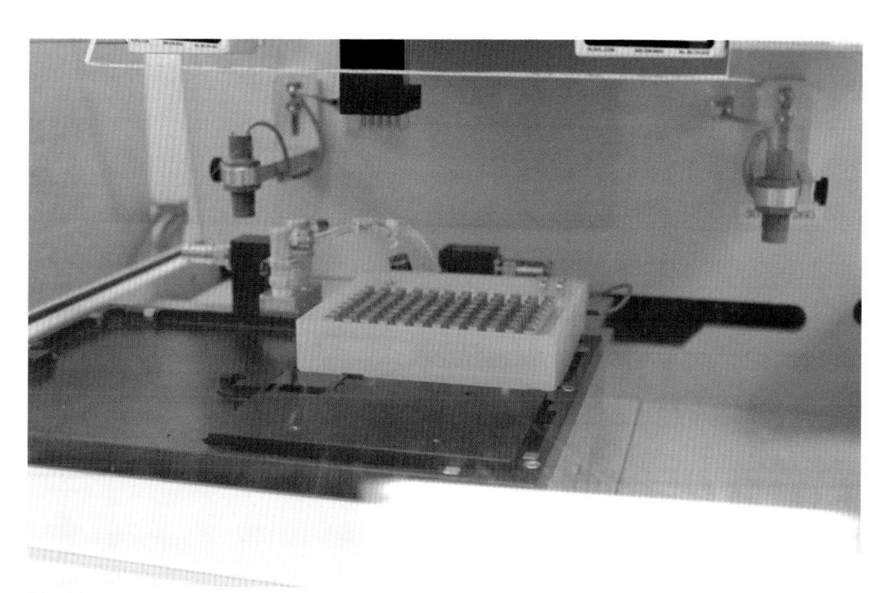

基因檢測可以避免藥物過敏的問題。

界的生技產品。現在包括中國大陸、新加坡、香港、馬來西亞、甚至泰國、印度都引進這項診斷工具，開始注意這個基因以預防史蒂芬強生症候群的發生。

從基礎研究到自創品牌，讓台灣在激烈的競爭中找到自己的出路，並逐漸在國際舞台，佔有一席之地。

利用基因分類治療乳癌病患

難纏而善變的癌細胞，平均每 4 分鐘奪走一條性命，每 10 個月出現抗藥性，這場生死之戰，一直以來打得備極艱辛。

癌症其實就是 DNA 變異累積到一個程度而產生的，所以如果能找出病人癌組織的 DNA 變異，就可以找到適用的藥物。隨著逐漸解開的基因之謎，難纏的癌症似乎比以前來得容易應付。由於藥物的代謝需要酵素，而酵素是由基因掌控，所以檢測 DNA，就可以預知藥的效果與副作用。

台北和信癌症中心醫學研究部 2012 年開始準備進行一項實驗計畫，他們根據乳癌基因表現的不同，加以分類，提供乳癌病患更精確有效的治療。

負責這項追溯型計畫的高

和信治癌中心醫院根據分子亞型，提供乳癌更精確的治療。

台北和信癌症中心醫學研究部根據基因表現的不同，將乳癌分成6種分子亞型的熱圖。（圖片提供：和信治癌中心醫院）

陳奕雄博士指出，未來只花一天時間，就可以把個人DNA序列解碼！（圖片提供：台灣基康）

國彰教授，是利用783個不同基因的表現，將乳癌分成6種分子亞型，研究如何給予適合的藥物治療，「舉例來說，第一亞型的乳癌病人，因為對不同的化療藥劑反應良好，所以不需要用到毒性重的化療藥；而第五型乳癌對於有沒有接受輔助性化療，效果沒有明顯的不同，所以也就不需要化學治療，只要接受荷爾蒙治療即可。」

台灣科技加速基因解碼

利用這種分類方法、對症下藥，就連最難纏的第四型乳癌，10年存活率從原本的40%提高到90%，未來不只乳癌，包括大腸癌、及肺癌等等，也都可以普及應用。

曾參與創造世界第一台基因自動定序儀，被稱為Grand Daddy of Sequencing（基因定序之父）的陳奕雄博士表示：「當初人類基因體計畫（Human Genome Project）開始的時候，大概花了上億美元，花了10幾年的時間，才有辦法解出一個人的碼，現在隨著自動定序技術的進步，未來很快就可以在一天之內，甚至只花1,000美元，就可以把一個人的DNA序列碼解出來。」

基因解碼所需的時間從10

年縮短為 1 天，聽起來進步神速，但有沒有機會再更短一點？也許你從沒料想過，台灣擅長的奈米電子科技居然也是其中的關鍵技術。

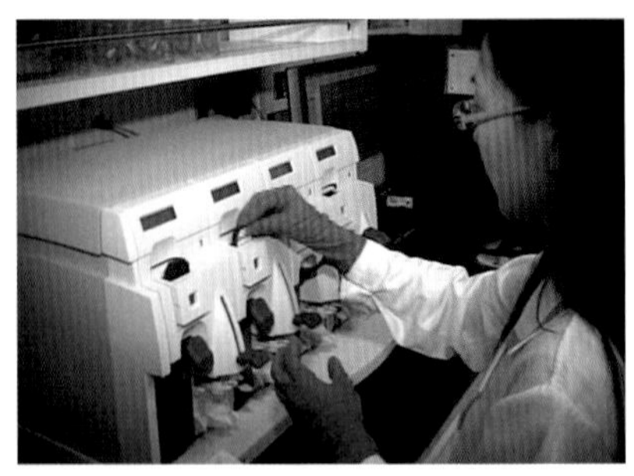
奈米化的基因晶片又快又準確，讓醫生的處方有了可靠的依據。

台灣蛋白質電晶體領先世界

交大生醫電子轉譯中心製造出全球第一個蛋白質電晶體，等於利用積體電路的原理，讓生物訊號快速而清楚地傳遞出去。換句話說，透過這電晶體晶片可以讓基因解碼的速度快上好幾倍。

在實驗室裡先合成出 8 到 12 奈米大小的金粒子，打入老鼠體內產生抗體，然後再利用抗體抗原作用，讓奈米金固定於蛋白質與電極之間。「蛋白質跟蛋白質之間的結合其實很容易，但是蛋白質跟非生物的材料是非常地難。因為一個是硬的、一個是軟的，一個是活的、一個是死

生技 EZ Learn

奈米

奈米是英文 nanometer 的音譯，是長度的單位，縮寫符號為 nm。英文字母拆開來看，nano 是希臘文「侏儒」的意思，meter 則是公尺，1 奈米等於十億分之一公尺，大約是人類紅血球的千分之一，是 2 到 3 個金屬原子排列在一起的寬度。

奈米材料目前已廣泛運用於很多領域，如醫藥、資訊、光電、化工、生物工程等。最先提出在奈米層級做各種應用的科學家是 1965 年諾貝爾物理獎得主費曼（Richard Feynman），在奈米尺度下，物質的特性會改變，材料也會形成特殊功能，例如質量變輕、體積變小、導電性變強等等。

生醫小辭典

奈米金

顧名思義，奈米金就是奈米大小的金粒子。因為金具有良好的生物相容性，而且奈米化的金表面具有特殊效應，容易與硫氫基結合，所以奈米金常用於生物醫學上的檢測、疾病診斷及基因偵測。

1996 年，美國西北大學莫京（Mirkin）博士發現，奈米金可以和 DNA 輕易結合，只要取一滴血滴在晶片上，送入電腦做分析，馬上就可以知道基因可能帶有哪些潛在的遺傳疾病，有助於遺傳疾病的預防與治療。

奈米金也容易和抗體、酵素或細胞激素等蛋白質結合，所以被普遍應用在驗孕棒上，以及愛滋病毒感染、藥物成癮篩檢等。

目前奈米金也用在基因治療的核酸遞送系統（Nucleic Acid Delivery System），它因為體積很小，具有高表面積 / 體積比，大大提升了核酸負載量，而且，金屬微粒改變電荷性質，使得傳遞的效率增加、毒性減低。

另外，奈米金也被利用在分子標的治療（Molecular Targeted Therapy），利用奈米金結合特殊抗體，做為治療標的癌細胞的工具。

交大生醫電子轉譯中心製造出全球第一個蛋白質電晶體，等於利用積體電路的原理，讓生物訊號快速而清楚地傳遞出去。

交大材料科學及工程學系教授黃國華表示，奈米化晶片未來將加快基因檢測的速度。

的，所以這個動作其實非常難去達成。」交大博士後研究員陳昱勳一邊進行實驗步驟，一邊解釋這其中的困難度。

交大教授黃國華則用很白話的例子來比喻這晶片未來的應用：「人家如果24小時解碼，我們24小時除以一萬，基本上在幾分鐘內就可以解出。等於是說你今天走進診所，抽血或採集唾液後，我10分鐘後就可以給你基因密碼的檢測結果。」

量身打造最適合療程

奈米化的基因晶片又快又準確，將對臨床醫學帶來極大的革命。不過在它還沒有正式量產前，目前最常用的還是自動定序儀，它已替不少癌症病患找到救命解藥。

單身的黃小姐，去年7月發現大腸癌時已是第三期，正規治療處理起來頗為棘手。因為末期大腸癌通常要先做放射線治療，等腫瘤變小一點後，再以手術處理，手術後通常得做人工肛門，這對於一個年輕的女生來說，是件非常為難的事情。

為此，她的主治醫師，台北醫學院附設醫院副院長邱仲峰透過基因定序儀的分析，找出2種對她有效的化學藥，為她量身打造適合她的化學治療。

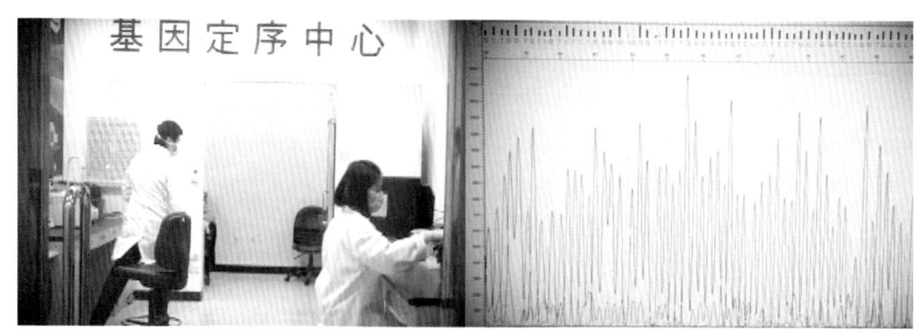

北醫基因定序中心藉著基因檢測，為癌症病人找到最大療效、最小副作用的治療方法。

目前最常用的自動定序儀，已替不少癌症病患找到救命解藥。

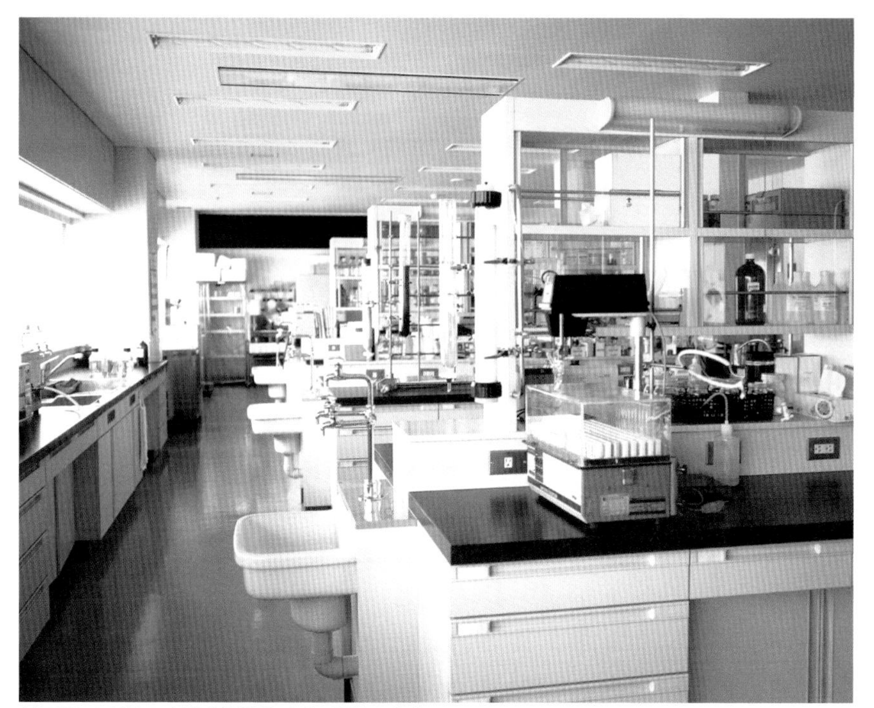
基因體研究運用先進的儀器為人類解開生命密碼。

「她每兩個禮拜打 1 次化療，總共才打了 4 次之後，腫瘤就不見了，後來我們拿她開刀後的組織去化驗，裡面已經完全沒有癌細胞。」

個人化醫療時代來臨

這個結果令醫病雙方都很滿意，因為才短短 2 個月，癌細胞完全被殲滅。問起黃小姐的身體感受，她竟幾乎沒什麼嚴重的副作用，頂多只是偶爾怕聞到油膩的味道。

「這樣一來是不會打空包彈，二來也不會對身體造成毒性。換句話說，我們可以透過基因定序，篩選出對病人最有效的藥，而不是“打打看”，過去我們都是先打打看。」

過去亂槍打鳥、隨機猜的投藥，因為基因解碼的成熟將逐漸走入歷史。「最大療效、最小副作用」，是基因解碼在臨床醫學最大的允諾，它也宣告個人化醫療的時代正式來臨。

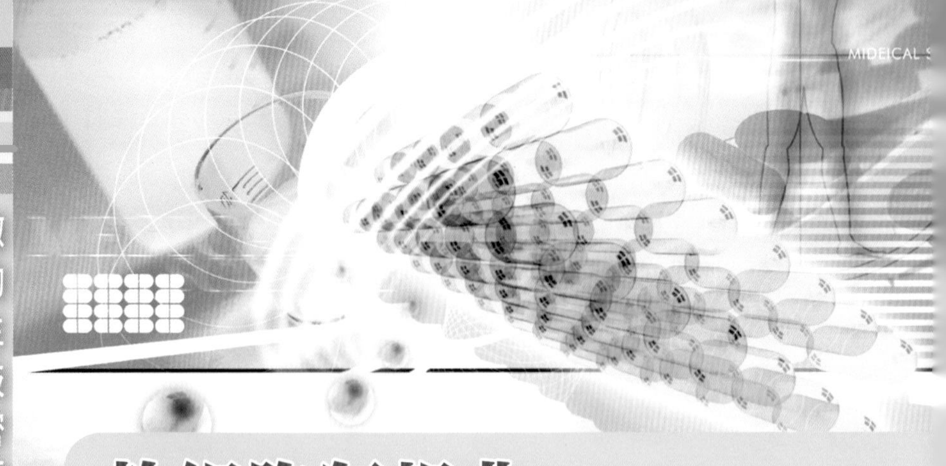

幹細胞狂想曲
"訂製器官"不是夢

幾千年來人們一直幻想能長生不老，這在過去只是個遙遠的夢，但隨著「幹細胞」的發現，這個夢想或許有機會成真。特別是胚胎幹細胞，因為具有極強的分化能力，不但可以「修補器官」、而且可以「複製器官」，只是因為道德的爭議，很難將它應用於臨床。

最近科學家發現，一般的皮膚細胞導入特定基因，居然可以反轉為胚胎幹細胞，這個結果震驚了全世界。看似找到逆轉生命之鑰的人類，一直想扮演上帝的角色，只是，在這關卡上竟遇到了更難以破解的生命謎題。

複製人電影的未來想像

電影《絕地再生》是一部科幻驚悚片，雖然在2005年上映時票房失利，但電影情節所描述的科學與道德爭議，仍引起很大的迴響。

數百位居民住在一個嚴密控管的高科技大樓裡，他們過著衣食無虞的生活，只是一舉一動都受到監控。唯一能離開這大樓的方法，就是透過摸彩中獎，被送到所謂的「悠閒小島」。因為他們被告知，地球在歷經一場生態浩劫後，除了居住在這大樓裡的生還者以外，全世界的人類都不幸喪生，而這小島就是地球僅存未受污染的人間淨土。

這其實是一個經過縝密設計的謊言，住在這棟高科技大樓裡的人，都是外面世界有錢人的複製品，而所謂的中獎，不過是「本尊」需要他們提供的「身體零件」。也許電影中複製人的情節太過驚悚，卻是人類對幹細胞的最大想像。

台大醫院台成幹細胞治療中心主任唐季祿表示，幹細胞就像人體零件庫一樣，提供器官再生的可能性。

幹細胞好比器官零件庫

「幹細胞就好像汽車的零件庫一樣，我這汽車開了幾年以後，有個小地方壞掉了，那我就去換一個零件就好，可以繼續再開。」台大醫院台成幹

用臍帶血幹細胞培養出人工肝臟。

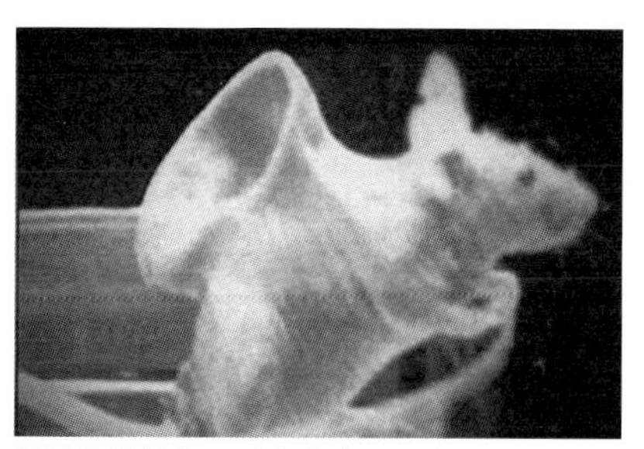
用軟骨幹細胞可讓老鼠身上長出人的耳朵。

細胞治療中心主任唐季祿，用這個簡單的比喻來解釋幹細胞未來的可能運用。

其實，在現實生活裡，科學家已成功利用軟骨幹細胞，讓老鼠身上長出人的耳朵；用臍帶血幹細胞培養出人工肝臟；若真要用自己的幹細胞訂製需要的器官，也不是完全不可能的事，因為幹細胞的潛力，確實無窮無盡。

Stem Cell 翻譯為幹細胞，有樹幹與起源的意思，是生命最原始的母細胞，可以分化成各種組織與器官。國衛院幹細胞中心主任邱英明強調，幹細胞本身具有無限增生的能力，能夠從 1 個細胞變 2 個細胞，再分裂成 4 個細胞，呈等

有樹幹與起源意思的「幹細胞」是從 Stem Cell 翻譯過來的，是生命最原始的母細胞，可分化成各種組織與器官。

生醫小辭典

幹細胞

幹細胞指尚未分化、原始且未特化的細胞，具有自我再生（self-renewal）能力，能自我分裂產生新的幹細胞；也具有分化（differentiation）能力，可以分化成為多種特定功能的體細胞，如心肌細胞、血球、神經元、骨骼、皮膚等細胞。

幹細胞在生命體由胚胎發育到成熟個體的過程中，扮演最關鍵性的角色，發育成熟之後擔負著個體的各個組織及器官的細胞更新及受傷修復等重責大任。

就人類而言，幹細胞分為胚胎幹細胞（embryonic stem cell）和成體幹細胞（adult stem cell）兩種。胚胎幹細胞取自胚胎，又稱為全能幹細胞；成體幹細胞可以由成年人的組織中取得，又稱為多能幹細胞。

比級數增長。「可以想像一下，這個力量是很大的，它分裂 10 次之後，就變成 1,000 顆，分裂 20 次，就可以變 100 萬顆。」

國衛院幹細胞研究中心主任邱英明強調，幹細胞增生呈等比級數增長。

用幹細胞治療受損神經

相對於幹細胞的無限增生，一般的細胞平均只能分裂 50 次，所以人體內 60 兆個細胞，每天大約會有 2% 的細胞，因為過度分裂而衰老死去，這時平時沈潛在各個器官、處於休眠狀態的幹細胞，便會甦醒擔負起細胞增生的工作，進行所謂的新陳代謝。

由於幹細胞平常不會作用，在需要時才會啟動分化機制，所以，如何找到它們、並大量複製，是臨床應用的第一道關卡。

在國衛院幹細胞的實驗中心，實驗室人員將經過免疫螢光染色後的老鼠腦片放在顯微鏡底，在海馬迴的周邊，找到幾個神經幹細胞，它們數量很少，大概只有十萬分之一，或者是萬分之一，不過這些被分離出來的神經幹細胞，可以在培養皿裡繼續增生、分裂，等培養到一定的數量，就可以用來治療受損的神經。

國衛院的實驗團隊是由幹細胞中心主任邱英明帶領，將生物可分解的材料，先製作成

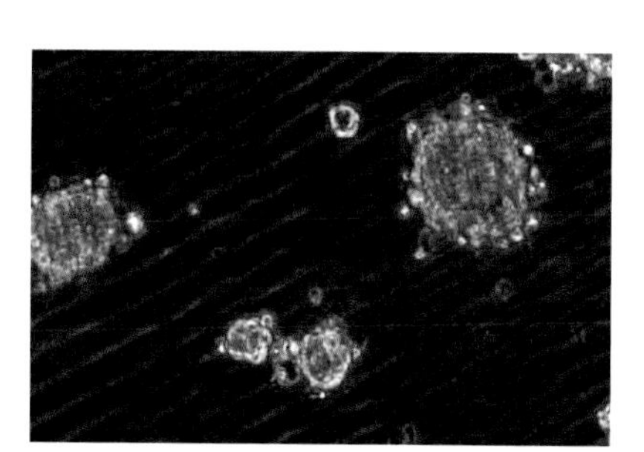
被分離出來的神經幹細胞，可以在培養皿裡繼續增生、分裂。

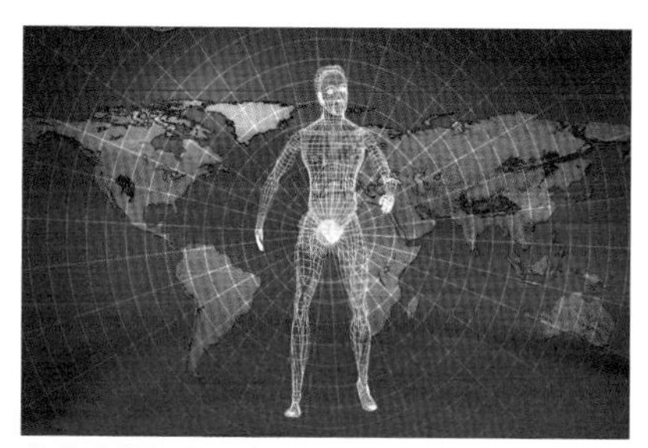
未來人類極有可能用自己的幹細胞訂製需要的器官。

如原子筆芯的導管，再加入神經幹細胞及第一型纖維母細胞生長因子（FGF1），然後將這個神經導管植入坐骨神經斷裂約 1 公分的大鼠身上，讓原本斷裂的神經如同搭起一座橋，得以快速生長，如此經過 21 周的治療，大鼠竟恢復了 8 成的行走能力。

全球首例心血管增生

此外，成大醫學院助理教授謝清河及其團隊，更以蘭嶼豬為實驗對象，將幹細胞注入心肌梗塞的心臟，結果不但減緩了心肌壞死，更順利地長出新的血管。這項全球首例，受到國際醫界的矚目，並發表於心血管排名第一的“Circulation”國際期刊。

對於幹細胞驚人的實驗結果，邱英明表示，「製造一顆會跳動的心臟，或者製造一個會排毒的肝臟，困難重重而且其實也沒有必要。因為心臟壞死不是整個心臟全部壞死，神經損傷也是，我們不會想說換一個大腦。如果脊髓受傷的時候，我們能夠修復脊髓，或者坐骨神經壞掉的時候，能夠修復坐骨神經，這些應該都是一個很大的進步。」

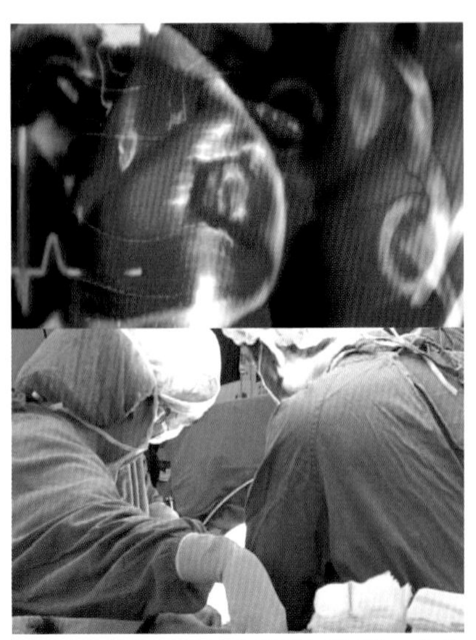

製造一個新的心臟其實是沒有必要的，能夠「修復」它的功能就是一個很大的進步。

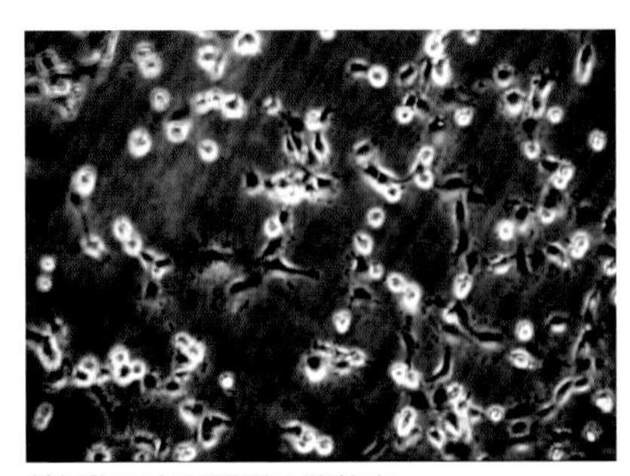

幹細胞具有無限增生的能力。

幹細胞的修復能力已無庸置疑，不過，臨床應用還遇到了第二道關卡：幹細胞因為有著無限增生的能力，所以很容易誘發腫瘤。

神奇幹細胞一刀兩刃

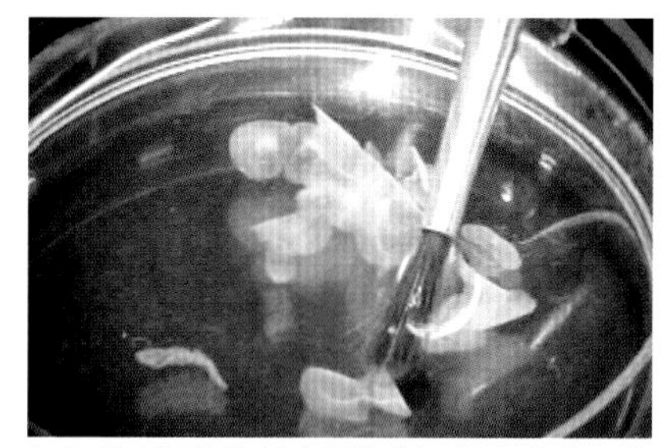
如何找到幹細胞並大量複製，是臨床應用的第一道關卡。

曾經有個實驗，將胚胎幹細胞放入老鼠皮下，結果長成一個畸胎瘤，在切片後更赫然發現，裡頭長有包括毛髮、肌肉、皮膚等各種細胞。這是因為幹細胞本身有多功能分化的能力，所以在分化的過程中一旦走岔了，就有可能長出腫瘤。

國衛院幹細胞研究中心副研究員顏伶汝強調，其實在各個分化功能強的器官裡，也有可能長這種畸胎瘤，她舉了一個自己親身接觸的例子：「我

生醫小辭典

胚胎幹細胞

胚胎幹細胞是目前科學界公認最具分化能力的幹細胞，一般會在受精卵受精後第 4 至 5 日分化形成，由 50-100 個細胞組成，它也被稱為萬能幹細胞，可以發育成為人體內 200 多種細胞類型中的任何一種，所以胚胎幹細胞被視為珍貴之物，因為它可以發展成完整生命個體所需的各式各樣不同的細胞組織。

人類胚胎幹細胞是在 1998 年由美國威斯康辛大學的 James Thomson 團隊成功建立，並發表在 Nature 雜誌。

和成體幹細胞相比，胚胎幹細胞可以無限制增生，而成體幹細胞增加細胞數目的能力較為受限；此外，胚胎幹細胞在人體內或體外發育成各式各樣細胞的能力較強，而成體幹細胞較欠缺多重分化能力，細胞種類也較為受限。

因此在臨床治療上和培育細胞能力，胚胎幹細胞較具有優勢。但胚胎是生命發育源頭，相關研究需破壞胚胎，引發倫理與法律爭議。

國衛院幹細胞研究中心副研究員顏伶汝表示，曾在病患的畸胎瘤中發現頭髮和牙齒。

有個病人是13歲的女生，她的卵巢長了一個良性的畸胎瘤，我替她開刀拿出腫瘤後，將這些組織拿去化驗，結果很驚訝地發現，裡頭居然有頭髮，也有牙齒。是的，它們都是從卵巢細胞長出來的。」

分化能力強大的幹細胞，往往在錯的地方長出錯的細胞，它們的神奇力量正是一刀兩刃，如何將它們馴化成功，是臨床應用的第三道關卡。

幹細胞讓帕金森病患重生

今年66歲的黃財旺，和一般南部歐吉桑一樣，平常都以摩托車代步。雖然他騎車的模樣沒什麼特殊，但如果你知道他以前的情況有多嚴重，恐怕要為他捏一把冷汗。

黃太太順著家裡的樓梯邊走邊說，「他以前常常走一半就這樣摔下去，都嘛摔得頭破血流，因為他煞車煞不住，一直要等撞到牆壁才會停。就連家裡的電扇也常常被他撞斷，他看到電扇也躲不了。」

「不要說從前走路不穩，就連給自己倒杯水都很難」，一旁陪著笑臉的黃財旺這時一邊端起茶水一邊往嘴邊送，「以前要喝茶，杯子拿到手上就拚命抖⋯，到嘴邊茶就沒得喝，都抖光光了。」

1996年台灣首度實行胚胎細胞移植手術，帕金森氏症病患黃財旺治療後已可自行騎車。

中國醫藥大學北港附設醫院院長林欣榮是台灣首位將胚胎幹細胞成功移植到帕金森病患身上的醫師。（圖片提供：中國醫藥大學北港附設醫院）

注射腦部多巴胺細胞

黃財旺在40歲那年罹患帕金森氏症，身體會不由自主抖動，而且情況愈來愈嚴重。1996年，也就是他49歲那年，台灣三軍總醫院首度展開胚胎細胞移植手術，黃財旺成了第一批人體試驗的對象。

當時主刀的林欣榮醫師在流產胚胎中，找出多巴胺細胞，利用立體定位，直接注射到病患腦部，他回憶起這手術的困難度：「那時胚胎大概差不多1公分左右，而腦部更小，腦部多巴胺細胞大概差不多0.5CC，非常非常少。我們就把這些有用的多巴胺細胞，大概50萬個拿出來，然後局部麻醉移植給帕金森病患。」

放手一搏，讓生命有了轉彎。儘管黃財旺的手腳看來仍有些不協調，但他已從原來完全無法自理，到現在可以騎車、

生醫小辭典

多巴胺

多巴胺（dopamine）是單氨類神經傳導物質合成步驟中第一個具神經活性的物質，是腦內很重要的神經傳導物質，負責大腦的情慾，感覺，將興奮及開心的信息傳遞，又被稱作快樂物質，可強化大腦皮質所發出的動作指令，消除不必要的抑制。

當我們積極做某事時，腦中會分泌出大量多巴胺荷爾蒙。愛情的感覺，和腦中大量多巴胺作用有關；吸菸和吸毒也會增加多巴胺分泌，讓上癮者感到開心及興奮。

多巴胺不足及失調則會讓人失去肌肉控制能力，或是發生注意力不集中等問題，如果嚴重缺乏時，甚至罹患帕金森氏症。

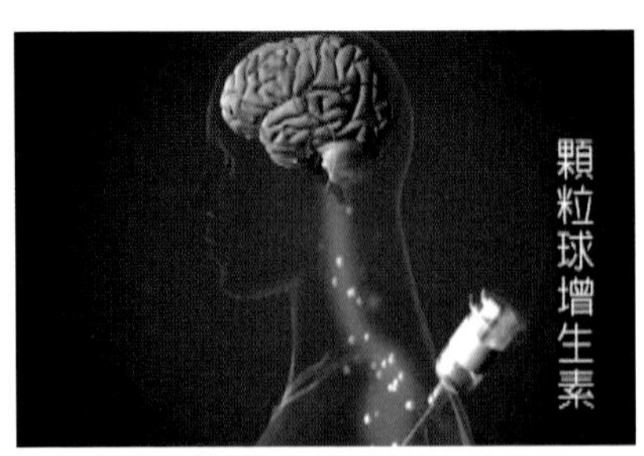

顆粒球增生素讓造血幹細胞增加十倍。

寫字、甚至繫鞋帶，算是非常成功的個案，只是當時用的是流產胚胎，曾引起不小的爭議，林欣榮在後來的中風臨床試驗，決定改採病人自己的幹細胞。

首創自體幹細胞治中風

林欣榮醫師在病人急性中風的時候，連續施打 3 天的顆粒球細胞生長激素（G-CSF），好讓病人的造血幹細胞增加 10 倍。由於造血幹細胞會執行修復的動作，所以它會跑到急性中風的患處，讓其部位減少發炎、同時促進神經、血管再生。

「這樣一來，病人一手一腳不會動的結果變少、神經損傷也變少。我們臨床試驗中的 7 個病人，其中有 6 個都恢復得相當好，甚至連擠牙膏這種精細動作也都難不倒。」

由於這個全球第一個以自體幹細胞治療中風的人體實驗很成功，林欣榮很驕傲地在美國神經外科醫學會上報告這個結果。

累積幹細胞對慢性中風患者療效的經驗，林欣榮在 2007 年時，更和被醫界譽為「神經建築師」、曾治療超人克里斯多福・李維癱瘓的楊詠威（Wise Young）教授合作，帶領中國醫藥大學附設醫院加入中國脊髓損傷研究網絡（ChinaSCINet），進行幹細胞應用在脊損患者的臨床前和臨床研究。

其實，造血幹細胞本來就是目前應用最成熟的幹細胞，甚至可以追溯到半個多世紀前。

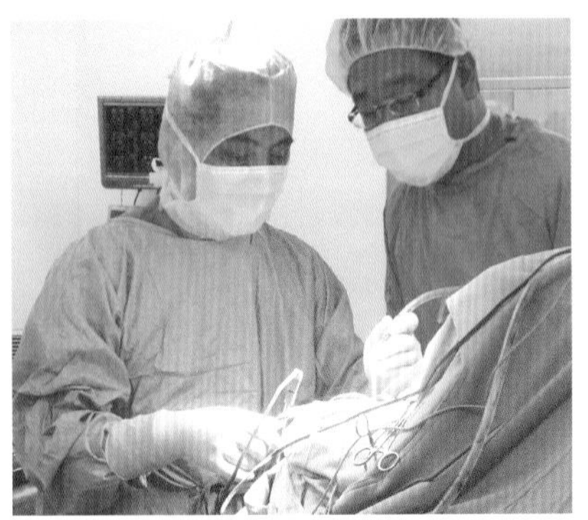

林欣榮帶領中國醫藥大學附設醫院研究幹細胞治療。（圖片提供：中國醫藥大學北港附設醫院）

幹細胞隨年齡增長而遞減

第二次世界大戰期間，美軍在日本廣島與長崎投下原子彈，後來發現，原子彈的嚴重輻射，使得附近居民罹患白血病的機率，高出平均的30倍之多。經過研究，科學家才知道是輻射破壞骨髓裡的造血幹細胞，這才使人類首度知道有幹細胞的存在。

經過半個多世紀的摸索，科學家陸續找到200多種幹細胞，不論它們在哪兒，都會隨著年齡的增加而逐漸減少，這也就是為何臍帶血幹細胞的儲存會有這麼大的商機。

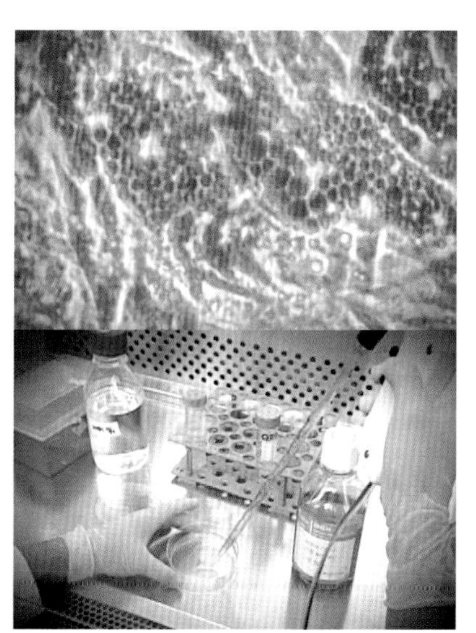

根據醫學研究顯示，「脂肪」並非一無是處，而萃取的脂肪幹細胞遠比骨髓出來的量還要多。

高雄長庚醫院外科部主任郭耀仁指出，脂肪幹細胞便宜又好用。

光麗生醫實驗室處長陳怡如進一步說明，「人體細胞是愈年輕活性愈好，臍帶當然是最年輕的。不過你如果出生時沒有存，就沒有了，那麼一般成年人怎麼辦？不用擔心，你還可以從脂肪裡找。」

嘗試用脂肪幹細胞治療中風

高雄長庚醫院外科部主任郭耀仁表示，「脂肪幹細胞萃取量遠比骨髓萃取出來的多，大概有超過100倍，而且它的分化速度比較快，萃取的過程也比較容易，所以整體的經濟效益跟成本，便宜又好用。」

過去原本不討喜的脂肪，最近被發現並非一無是處，因

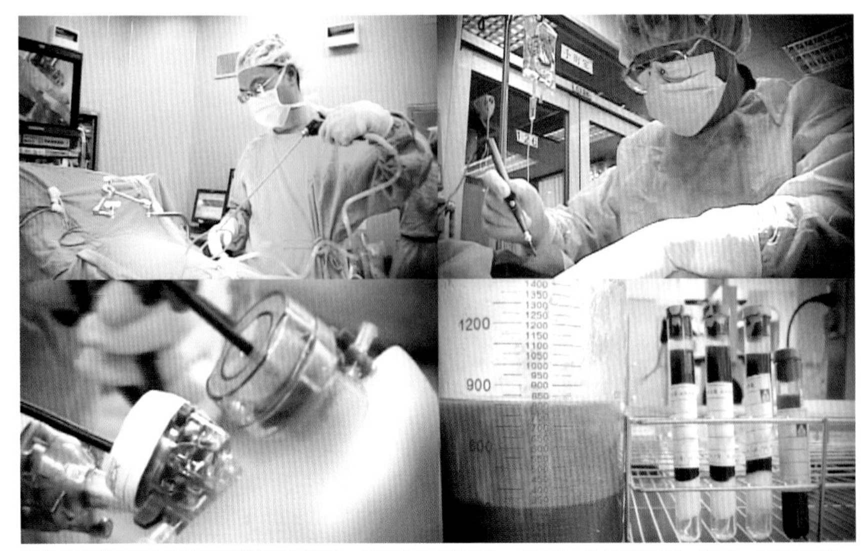

脂肪幹細胞不只能夠填補身材的缺陷、加快傷口的癒合，還可以分化成骨頭、肌肉、肌腱細胞，甚至是神經細胞，是再生醫學最好的媒材。

為它裡頭含有豐富的脂肪幹細胞。而脂肪幹細胞不只能填補身材的缺陷、加快傷口的癒合，而且令人感到訝異的是，它除了脂肪以外，還可以分化成骨頭、肌肉、肌腱細胞，甚至是神經細胞，因此，國內神經外科權威林欣榮醫師，已開始利用脂肪幹細胞來治療中風。

「它除了可以分化成神經細胞外，最重要是它可以分泌出很多的生長激素，讓神經再生，所以過去我們的中風療法有用到造血幹細胞，現在也開始嘗試脂肪幹細胞。」

製造幹細胞指日可待

經過酵素以及離心作用，純化出來的脂肪幹細胞被保存在攝氏 -197 度的液態氮中。由於愈年輕保存下來的脂肪幹細胞活性愈強，這使得趁年輕「蒐集幹細胞」成了一種新的商機。

不過才短短幾年，幹細胞的進展已到了難以置信的地步。最近很夯的「儲存幹細胞」很可能就快落伍，因為在不久的未來，也許人類就可以輕易地以人工的方式來「製造幹細胞」。

燈塔水母帶給人類永生希望

在美國加勒比海域有一種小型水母，身體透明、 如半個掌心，因為能夠看見紅色的消化系統，所以被稱為「燈塔水母」。這種水母在受到驚嚇或損傷時，會回到幼年的水螅狀態，透過這種轉化，生命得以一再輪迴，因而燈塔水母也被稱為「長生不死的水母」。

燈塔水母的幹細胞可以順向分化為一般細胞，也能使一般細胞逆向變回幹細胞，這就好比將一片葉子逆推，變回一顆種籽，而這種神祕的轉化能力，正是人類尋找的永生祕密。

人類最原始的幹細胞就是受精卵，在受精後 5 到 7 天的囊胚期，擁有最強的複製與分化能力，這時的多功能幹細胞除了不能變成胎盤之外，能變成人體任何一個器官，不過因為還沒有著床，究竟算不算生命個體，各界的看法不一。

具爭議的逆轉生命魔法

「爭論就是出在這個地方，有的人認為只是一群的細胞，有的人認為精子跟卵結合之後就是一個人，假如是一個人，不管他有沒有神經，你就是殺生。」中研院基因體中心特聘研究員游正博在受訪時，提起胚胎幹細胞受到爭議的原因。

2006 年日本中山伸彌教授將 Oct3/4、Sox2、c-Myc、Klf4 這 4 段基因加入一般皮膚細胞，結果誘導出多功能幹細胞。換句話說，科學家可以利

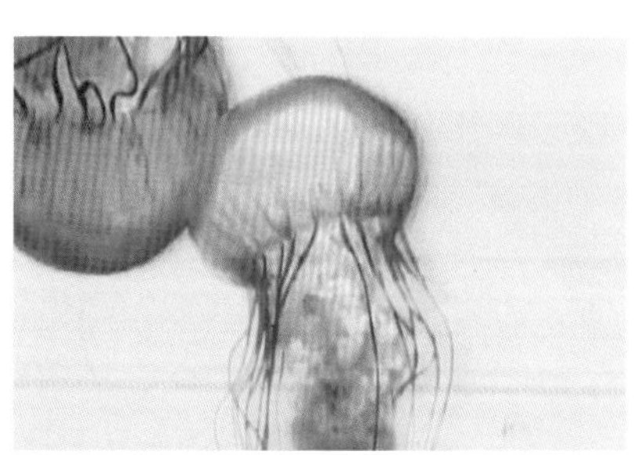

燈塔水母的幹細胞可以順向分化為一般細胞，也能逆向變回幹細胞，這種神祕的轉化能力，正是人類尋找的永生祕密。

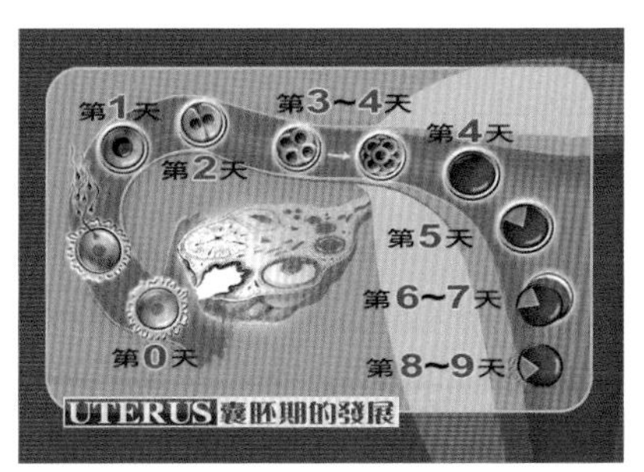

多功能的胚胎幹細胞一般會在受精卵 5 至 7 日的囊胚期，擁有最強的複製與分化能力。

用人工的方式，讓皮膚細胞回溯成為幹細胞，消息一出，全球震驚。

雖然這個誘導式多功能幹細胞的成功率不高，卻著實改變了生命的順序，一時之間，「逆轉生命」的偉大魔術，似乎已經被破解出施法咒語。只是，30億年的生命史，似乎不是才存在200多萬年的人類所能輕易駕馭的。

多功能幹細胞可能癌化

一名以色列小男孩因為罕見疾病，接受神經幹細胞的移植手術，幾年後，竟得了惡性腦瘤。提起這個幹細胞研究發生的真實個案，台大副院長何弘能忍不住嘆息，「因為幹細胞可以無限增生、無限變化，所以可以理解的，它可以變成腫瘤，可以變成癌細胞，這是因為我們沒辦法好好去控制那個細胞，假如說它走錯，那也完蛋了。」

難道人工誘導式多功能幹細胞的進展，就因為可能會癌化，而永遠地留在實驗室裡嗎？台灣竹南的國家衛生研究院，找到了初步的答案。

由於中山教授用的4段基因中的c-Myc與Klf4是致癌基因，國衛院團隊與台大醫院婦產部合作，以臍帶血管內的「臍靜脈內皮細胞」，只導入Oct4、Sox2兩段基因，便成功培育出人工幹細胞。

人工幹細胞成功去癌化

「看起來那兩個致癌基因，可能跟成功率比較有關係，因為它會讓細胞長得比較快，致癌

國家衛生研究院與台大團隊成功培育人工幹細胞。

去除致癌基因c-Myc與Klf4，台灣成功培育出去癌人工幹細胞。

台大醫院一直致力於幹細胞研究，希望幫助病人找到更多治癒疾病的密碼。

基因本來就是這樣。我們實驗室用的是臍帶內皮細胞，它本身長得就非常快，所以我們只需要用其他兩個非致癌基因。」

這項獨步全球的新發現，讓國際知名心血管學術期刊ATVB以「更接近完美」（Close to Fine）為題做了報導，這也是台灣首次在這重要領域上的傑出成就。回顧從1997年桃莉羊的誕生，引爆生物史重大革命以來，人類一再翻新複製生命的技術，也幾乎達到了最高境界。

專注幹細胞研究的台大醫學院副院長何弘能說，「其實早在1960年代，就已出現青蛙及爬蟲類的動物複製，2010年，包括猴子在內的靈長

類動物也已經可以複製了。但是人就是怎麼複製，都只能到4個細胞，之後這個胚胎就會自動死亡，所以這中間到底怎麼控制的，還不是很清楚。」

直到現在，複製人終究只能活在電影裡，除了道德的爭議外，隱約還有著冥冥中的註定，或許，尊重大自然、向大自然學習，才是人類在幹細胞研究中該學到的重要課題。

國際標「肝」台灣肝炎聖戰輝煌史

彈丸之地的台灣，肝臟病理的研究堪稱世界翹楚，不但 B 型肝炎防治有成，更把複雜的換肝移植手術做到盡善盡美。

30 年前，台灣曾是 B 肝帶原率最高的國家，後來在行政院科技顧問組及衛生署的帶領下，首開世界先例，全面為新生兒施打 B 肝疫苗，這項措施成功阻斷母子垂直感染，讓 B 肝帶原率降到和歐美相同的水準，人類也首度證實，疫苗的使用能預防癌症的發生。這場肝炎聖戰讓台灣在人類公共衛生史，留下輝煌的一頁。

越南寶寶來台就醫

台大醫院兒童外科病房的牆上，掛著幾幅童趣的手作畫，令人忍不住掛起微笑。但病房裡小女孩淒厲的哭聲，冷不防地把人給拉回了現實。

第一次拜訪畢寶如時，她正準備換藥，鼓著大大的肚子，上面蓋了半張 A4 大小的紗布，兩三個大人抓著她瘦弱的四肢。負責換藥的護士看起來很有經驗，儘管她輕巧熟練，在掀起紗布的剎那，慘烈的哭聲瞬間衝上天花板，然後聲音漸漸疲弱下來，隨著那塊滲著優碘與血水的紗布，無力地攤在病床。

事實上，這種聲嘶力竭的哭聲看在畢媽媽眼裡，雖然心疼卻也是種安慰，因為才不久前，寶如病得奄奄一息，連哭聲都微弱無力。

台灣是亞洲換肝首選

「她一出生就有一點點黃，2 個月後全身都變黃了。後來因為發燒，進出醫院很多次，一直到 5 個月大，醫生才檢查出她有肝硬化。我們什麼方法都試過了，都沒用，最後也只好換肝。」畢媽媽一口廣東腔國語，簡述了寶如生病的始末。

來自越南胡志明市的畢寶如罹患了先天性膽道閉鎖，這類疾病的病童因為膽汁無法順利從肝臟到十二指腸，外觀上多半瘦骨嶙峋、皮膚暗黃，最後會導致嚴重的肝硬化，通常只有換肝才能挽救生命。

由於越南醫療資源有限，更沒有成熟的活體肝臟移植技術，於是畢媽媽決定帶寶如來台進行治療。住進台大醫院時，她才 1 歲 3 個月，經過醫院血

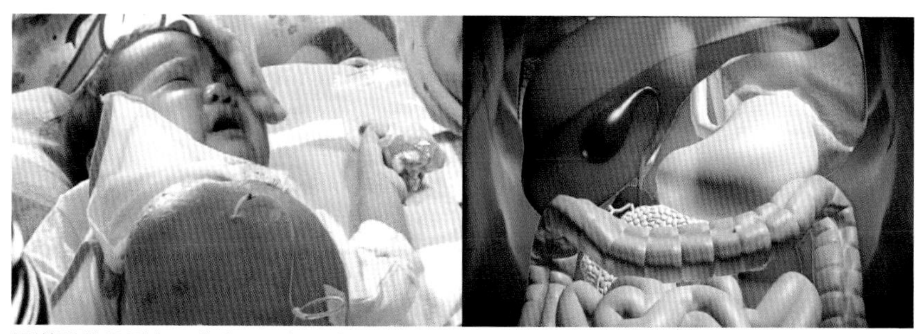

膽道閉鎖是種先天疾病，因為膽汁無法順利從肝臟到十二指腸，導致嚴重的肝硬化，通常只有換肝才能挽救生命。

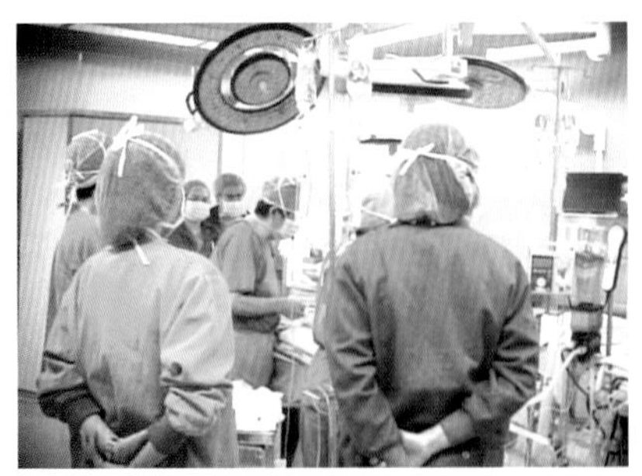

一個肝臟移植手術對外科醫師來講，是個很大的責任跟壓力，不能容許有任何的差錯。

型及體重的評估，由畢媽媽捐出左葉肝臟、進行換肝手術。

換肝手術展現父母之愛

負責執刀的台大醫院外科部主任胡瑞恆，提到這項手術最困難的地方：「小孩的肝動脈大概比鉛筆芯還要細，那麼小的血管接起來之後，我們非常怕它會塞住，塞住的話整個肝臟就會壞掉。」

在目前所有活體換肝的手術中，有 1/3 是膽道閉鎖的嬰幼兒，而捐肝者通常是孩子的父母親，這些為愛而捐肝的真情故事，每每讓高雄長庚醫院陳肇隆院長深深感動，而這種感動，也常常成為他最大的支柱，「從有外科歷史以來，一向都是生病的人在開刀，從來沒有健康的正常人，且不為自己、是為別人，動這麼大的手術，所以對外科醫師來講，這是個很大的責任跟壓力。」

換肝手術需克服千千結

被封為「台灣換肝之父」的陳肇隆，在 1983 年前往美國匹茲堡拜師全球第一位執行肝臟移植的醫師 Thomas Starzl，學成回國後，為了精進技術，

陳肇隆精湛的醫術被日本醫學專家譽為「人類的極限」。

他以大型動物進行實驗，甚至每天用童軍繩練習綁 1,000 個繩結，以熟練血管結紮。

由於人體大部份的凝血因子是在肝臟合成，一個功能喪失到需要換掉的肝臟，通常無法合成足夠的凝血因子，因此「大出血」是這項手術第一個致命危機，「用電燒、電凝的方法當然比較快，不過最保險、最牢靠的止血方法，還是一針一線慢慢去把它結紮縫合。」

每一次手術，陳肇隆都細心打上上千個結，把術中出血量控制在 30cc 以下，平均 35% 的受肝者不必輸血。這種精湛的醫術被日本醫學專家譽為「人類的極限」，甚至被改編成漫畫、小説，並改編成電影「孤高的手術刀」搬上大銀幕。然而，這並非只是個人英雄故事，而是台灣共同締造的傳奇。

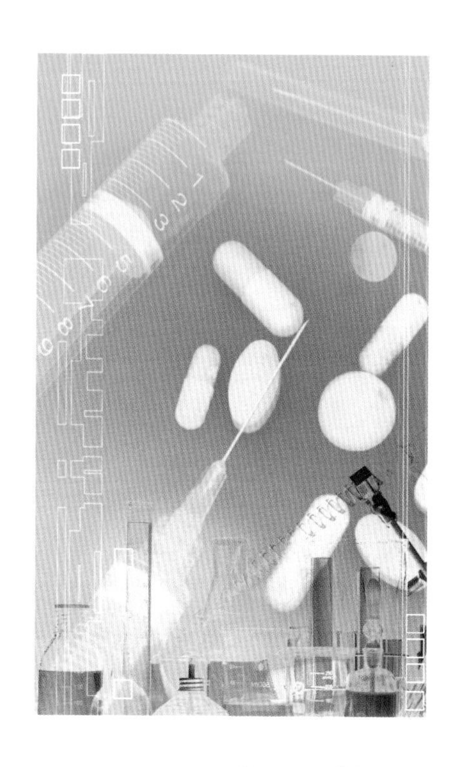

Profile

換肝大師 Dr. Thomas Starzl

1963 年，Dr. Thomas Starzl 花了 3 天時間，獨力為一名 3 歲的小男孩進行肝臟移植手術，後來這名男孩因為失血過多而死亡。1967 年，Thomas Starzl 再度挑戰，並成功完成世界首例換肝手術；至於目前存活最久的移植個案也是由他執刀的，至今存活已經超過 43 年，據外國媒體報導，這位先天性膽道疾病的病童在術後身體狀況良好，後來甚至結婚生子。

亞洲成功肝臟移植首例

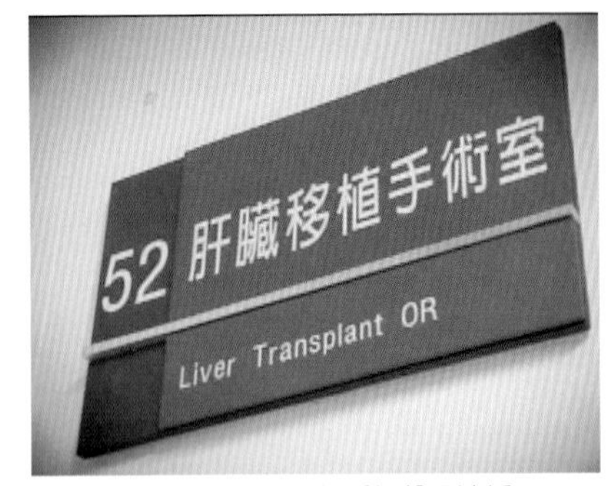

高雄長庚醫院的肝臟移植手術聲名遠播。

1984 年，罹患威爾森氏症的林阿燕因末期肝硬化而緊急送醫，因為已引起肝衰竭而逼近死亡界線。這時一名車禍送醫的男子因腦傷嚴重、急救無效，在獲得家屬同意後，林口長庚醫院立刻進行器官摘取及移植手術。

不過因為當時台灣還沒有腦死判定的法律，此舉引起輿論界一陣嘩然，主刀的陳肇隆也立刻遭到調查，更引起當時台北地方法院首席檢察官陳涵的嚴重關切。

在此之前，日本和田壽郎教授才因心臟移植手術失敗，被以雙重謀殺罪遭到起訴。

和日本情況相反，林阿燕在術後恢復狀況良好，並順利出院，她成為亞洲第一個成功的肝臟移植個案，原本已進入司法程序的調查，最終也以無罪獲得簽結。1987 年，台灣立

生醫小辭典

威爾森氏症

威爾森氏症（Wilson's Disease）是一種自體隱性遺傳疾病，發生率大約只有四萬分之一，患者因為基因缺陷使得銅無法由肝細胞的溶小體分泌到膽汁中，導致身體對銅的代謝異常，使得過多的銅離子堆積在肝、腎、腦、眼睛等不同器官。

在早期發病時多以肝臟的症狀為主，例如倦怠、腹痛、肝腫大、黃疸等等，但如果沒有早期診斷治療，長時間累積下來會演變成慢性肝炎、肝硬化，甚至是肝衰竭的現象，少數患者會以猛爆性肝炎來表現，死亡率相當高。

法院三讀通過人體器官移植條例，成為亞洲第一個通過腦死法令的國家，為台灣首例肝臟移植、3年後的心臟移植及7年後的肺臟移植鋪好適法性的道路。

台灣換肝手術傲視全球

「有的時候危機就是轉機，因為台灣的肝臟捐贈者少，可是又需要肝臟移植的多，我們只好發展活體肝臟移植，這些純技術性的東西做多了當然就會熟練。」對於台灣的成就，胡瑞恆主任做了很實際的剖析。

龐大的需求磨出優異的經驗，使得台灣換肝移植手術在全球名列前茅，不但創下許多世界第一，5年以上存活率更高達93.5%，比美國高出33%，比日本高出12%。在絕境中，台灣為自己走出一條生路。

各國醫療團隊前來觀摩

上午8點不到，高雄長庚肝臟移植小組已經全員待命，正在進行上戰場前最後的沙盤推演。在龐大的團隊裡，不難發現幾個輪廓深邃的面孔，他們是瓜地馬拉籍的醫護人員，特地遠道來台灣見習。

「肝病在我們國家很常見，而且大部份的病患都死於沒有接受正規治療，我們謝謝台灣讓我們有機會建立自己的肝臟移植團隊，等我們回國後就可以展開救人志業。」一位瓜地馬拉來的外科醫師這麼說。

除了瓜地馬拉之外，包括日本、美國、俄羅斯、新加坡等國醫師都曾經前來台灣取經，對於這項深奧專精的技術與學

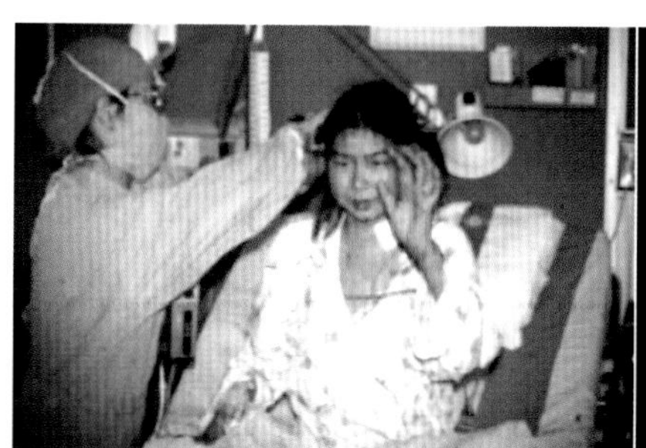
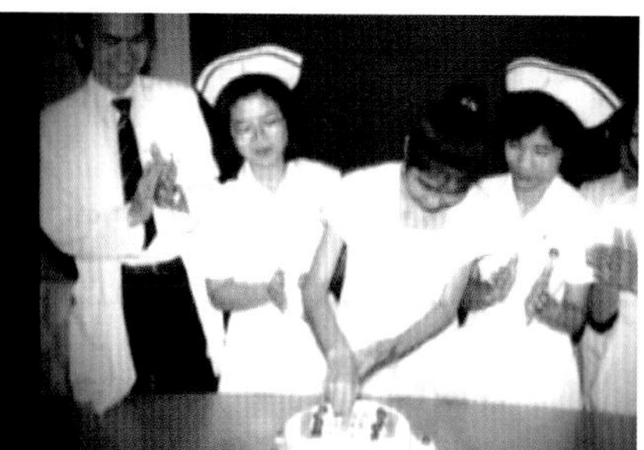

林阿燕是亞洲第一個成功的肝臟移植個案，在術後恢復狀況良好，並順利出院。

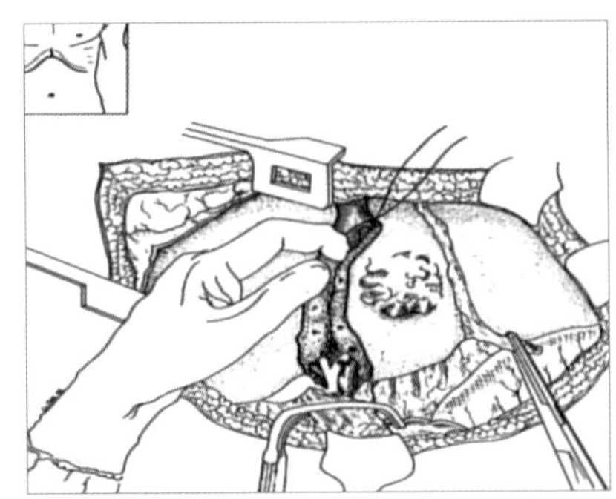

當年還是住院醫師的陳肇隆畫下林天祐教授獨創的手指切肝法，在耳濡目染下接棒成就台灣的標「肝」傳奇。

問，陳肇隆院長十分樂於分享。因為他認為，醫療是一項救人的學問，不應該有藏私的觀念，所以他寧願把珍貴的 know how 傳遞出去，讓自己有如千手千眼觀音，可以同時挽救許多危急的生命。

而除了代訓外籍醫師之外，長庚醫院移植團隊還 7 度獲邀到亞洲各國家級醫學中心進行活肝移植示範，包括上海交通大學附屬仁濟醫院、日本信州大學、菲律賓國際腎臟暨移植中心、北京大學第一醫院及協和醫院等，「肝臟移植」儼然已成了台灣醫界輸出國際的軟實力。只是您可能不知道，其實早在 60 年前，小小的台灣在國際肝臟醫學界，已經有不小的名氣。

台灣獨創手指切肝法

1954 年，林天祐教授以獨創的手指切肝法，受到英國劍橋大學之邀，編撰英文教科書《Liver Surgery》，成為台灣第一個站上世界舞台的外科醫師。

「肝臟是一個充滿血管的器官，你如果整個用刀子切下去，當然除了肝臟的實質以外，所有的血管、膽管都會被切斷。所以他的構想就是用手指把肝的實質捏碎，剩下的就是血管跟膽管，再把它綁起來，所以這個叫“手指切肝法”。」

當時負責幫教科書畫插圖的陳肇隆，還只是個年輕的住院醫師，他翻遍所有肝臟解剖學、肝臟構造及手術的書，因而啟發對肝臟外科的興趣，接棒成就台灣的標「肝」傳奇。

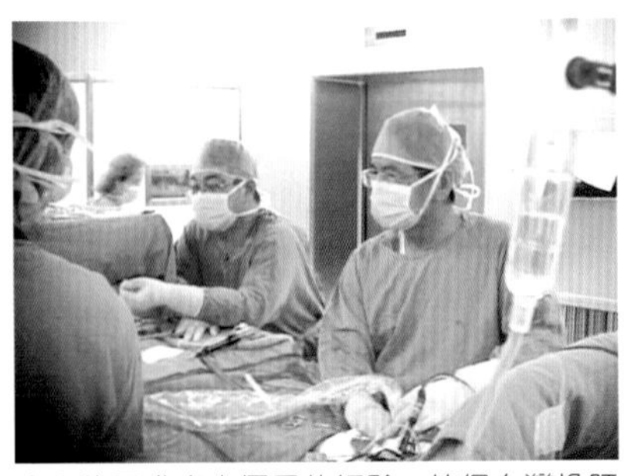

龐大的需求磨出優異的經驗，使得台灣換肝移植手術在全球名列前茅。

高雄長庚活肝移植數冠全球

在陳肇隆的帶領下，高雄長庚醫院躋身全球前5大肝臟移植中心，每年的活肝移植個案，與韓國蔚山大學並列全球第一，吸引了許多外籍病患前來求診，包括美國知名藝術家、日本及菲律賓兒童等等，換肝手術成了台灣少數受到世界注目的醫療項目。

對此，陳肇隆心有所感地說，「外科雖然比較辛苦，工作時間也長，特別是肝臟移植，它不像腎臟移植，不成功還可以回去洗腎，所以換肝手術的外科醫生壓力很大。不過當你看到瀕臨死亡的生命在你的努力之下恢復健康，那種救人活命的成就感跟使命感，將能得到最大的快樂跟滿足。」

30年來，陳肇隆的巧手已救活上千條寶貴的生命，尤其許多原本枯萎的稚嫩生命，都因為及時的換肝手術，黑白的人生有了令人驚豔的色彩。

帶著新肝展開新生活

小孩子的傷口癒合能力果然神速，畢媽媽肚子上的傷口還塗著敷料，寶如卻已結了粉紅色的痂。偶爾在大人的要求下，她還會調皮地掀開衣服，秀出自己的「痛痛」，不過看得出來，這大手術的可怕已逐漸遠離她的腦海，反而成了勝利的標記，在她稚嫩的皮膚，留下粉色的微笑。

過去一直躺在病床上的她，開始學走路，不再蠟黃、不再哭鬧，這個勇敢的小生命，在3月微涼的晨曦中，帶著台灣的祝福及媽媽給的新肝，回到越南展開新的生活。

女兒捐肝、父親重生

秋雨綿綿下的龍潭大池，雲端水幕，波煙杳渺，邱日春和家人悠閒散步後，在一處家庭式咖啡館駐足，享受一個下午的天倫之樂。然而，這看似稀鬆平常的家庭聚會，其實滿溢著上天極大的恩典。

2002年8月，原本就有B型肝炎的邱日春突然吐血，緊急送醫後得知是食道靜脈瘤破裂，腹部的積水已高達7,000cc，他的三女兒邱欣柔回想起當初情況，用一種詼諧的口吻說，「那時我爸的臉色是發青發黑的那一種，肚子就像懷孕 9 個月、快生了那樣，而且就大一個肚子而已，全身其他地方都很瘦很瘦。」

由於肝硬化太過嚴重，唯一的存活機會只剩下換肝手術，只是當時狀況太過危急，恐怕等不及大愛捐肝，他 4 名孝順的女兒紛紛表達捐肝意願。經過移植小組的評估，邱家兩名女兒配對吻合，只是她們都太過清瘦，其中任何一人捐給父親，恐怕無法維持最基本的生理運作。「我們那時候都很瘦，才 40 公斤初頭，如果只有我或妹妹一個人去捐，肝容量對捐肝者和受肝者都不夠，所以只好我和妹妹一起進了手術房。」邱家大女兒邱欣怡解釋當時的情況。

亞洲活體雙肝移植首例

高雄長庚團隊以 21 個小時馬拉松接力的方式，完成全球第三例、亞洲第一例的活體雙肝移植手術。邱欣柔還記得自己剛退麻醉時，著急地詢問父親的術後情況，「醫生說如果再晚個幾天真的就沒救了，連手術都不用做了。因為取出來的時候，整個肝很硬、非常硬。」

經過醫護人員嚴密的照護與觀察，邱日春的情況逐漸穩定，50 歲生日那一天他順利出院，他在醫院準備的大蛋糕中，得到滿滿的祝福，至於兩名女兒捐出的新肝，則成了他寶貴的生日禮物。

如今過了 11 年，邱日春身體狀況良好，常常帶著全家四處遊山玩水，過去熬夜工作、加班應酬的他，在重獲新生後，凡事以家庭為重。一場生死交關的危機，把這家人攏得更加緊密。

台灣 B 肝感染高於歐美

在台灣，每一年有 500 人因為肝癌或肝硬化，必須接受換肝手術來挽救生命，肝臟移植成為非不得已的最後手段。但如果能從最初始的源頭下手，

姐妹捐肝救父 雙肝移植成功

邱日春接受兩個女兒的肝成為全球第三例、亞洲第一例的活體雙肝移植手術。

或許根本不用走到這一步。

根據統計，台灣40歲以上的成人，有90%感染過B型肝炎，幾乎是歐美國家的100多倍，他們其中有1/5會終身帶原，然後逐漸演變成肝硬化或肝癌，這就是肝病變典型的「三部曲」。

「成人肝癌以前80%是B型肝炎引起的，現在比較好一點，差不多60%是B型，35-40%是C型引起。不過，小孩子很少C型肝炎，所以小孩子一旦有肝細胞癌，百分之百都是B型肝炎引起的。」台大醫學院內科教授陳定信提出數據，來解釋B型肝炎的後遺症。

生醫小辭典

肝炎

肝炎（Hepatitis）是指肝臟受到病毒、毒素、藥物及酒精的破壞，造成肝細胞損傷發炎、甚至壞死，以致於無法發揮肝臟的正常功能，引起身體不適及肝功能指標異常。

引起肝炎的原因很多，包括病毒性肝炎、酒精性肝炎、藥物性肝炎、中毒性肝炎等，其中最常見的是病毒性肝炎。病毒性肝炎一般分為A、B、C、D、E型。

經由糞口感染的A型肝炎病毒是造成急性肝炎最重要的病原體，通常盛行於環境衛生較差的地區。早年台灣環境衛生狀況不佳，所以大部份人在孩提時就已感染過A型肝炎；但台灣環境衛生條件改善後，新世代年輕人感染率就大大降低。

B、C型肝炎在台灣非常普遍，因為可能會演變成慢性肝炎、肝硬化及肝癌，需特別注意和提防。通常B型肝炎的傳染途徑是感染的血液、體液經由皮膚或黏膜進入人體；C型肝炎則因為輸血、使用不潔的針頭、針灸、刺青、穿耳洞、牙科器材感染等造成。

通常經由嫖妓和靜脈毒癮感染的D型肝炎病毒，則是一種缺陷型的病毒，必須藉由B型肝炎病毒的表面抗原做為外殼才能生存，因此D型肝炎病患都同時患有B型肝炎。

E型肝炎的傳染途徑與A型肝炎相似，也是經由遭糞便污染的食物和飲水傳染，通常是區域性的集體感染。

肝癌造成國人高死亡率

從民國75年有統計數字以來，肝癌在國人死因榜上一直排行冠亞軍，而且它們多半是B型肝炎引起的，尤其台灣地區的B型肝炎帶原者，曾經高達3百萬人，帶原率約是15-20%，創下世界最高紀錄。

過去B肝既無法治療，也無從預防，一直到1980年，美國才研發出B肝疫苗，雖然很快就完成第一及第二期臨床，因苦於無法找到第三期人體實驗的對象，疫苗上市的時間一再延宕。

「因為做第三期一定要在高感染地區做，但美國B肝個案很少，所以就想到來台灣做，這時大家開始議論紛紛，“怎麼把台灣小孩當做實驗品”。」說起當時社會大眾對疫苗的疑慮，時任衛生署防疫處的許須美仍然記憶猶新。

史無前例的肝炎聖戰

不過如果疫苗遲遲不能完成臨床試驗，每延後一年問世，台灣就多出3萬名B肝帶原者，而這些帶原者中，有1/2的男性及1/7的女性後來會演變成肝癌。

針對為何要以新生兒為疫苗施打對象，陳定信特別提出說明，「如果成人才感染B肝的話，只有不到3%會變帶原者；但媽媽垂直傳染給小孩的話，90%都會變成帶原者。換句話說，年紀愈小感染B肝，愈容易變帶原者。」

利弊權衡之後，當時政府決定打一場史無前例的肝炎聖戰。由行政院科顧組成立肝炎防治中心，透過宣傳手冊、書籤、海報、車廂廣告，甚至電視及廣播大力宣傳，行政官員、醫護人員、公共衛生單位，更是上山下海到處衛教，宣導大家都還不熟悉的B型肝炎防治。

政府醫界合力奮戰B肝

後來衛生署防疫處成立了肝炎科，由許須美擔任科長的職務，負責督導肝炎防治計畫的執行，「我們大規模採購衛生局、所的冰箱，每天要去紀錄溫度的變化，B肝疫苗用了多少、存貨多少，都要嚴格登記。」

台灣幾乎是傾全國之力在宣導防治B肝，使得疫苗接種率高達95%以上。台大醫院小兒科感染科主任黃立民表示，「這個疫苗政策拯救了很多人，使他們免於變成B肝的帶原者。尤其最近14歲以下小孩子的B肝帶原率，可能已降到0.5%。」

台灣從B肝帶原率世界第一，成為和歐美國家齊平，成績令人刮目相看。1993年10月，全球頂尖的科學期刊《Science》，將台灣肝炎科技的紀念郵票印在封面。1997年6月的《新英格蘭醫學期刊》，更登出一篇令台灣名留醫史的論文：台大醫院經過十幾年的追蹤調查證實，B肝疫苗可以減少肝癌的發生，這是人類第一次用疫苗來預防癌症的成功案例。

如今，隸屬WHO組織的187個國家都跟著我們的腳步，全面對新生兒施打B肝疫苗，這場對抗B肝的漂亮戰役，讓台灣成為國際標竿。

生醫小辭典

B肝帶原

B型肝炎表面抗原（HBsAg）呈陽性反應的人，稱為「B型肝炎帶原者」，這表示一個人受到B型肝炎感染後，未能將病毒清除，血液中持續可測得B型肝炎表面抗原。

如果持續帶原6個月以上，就叫「慢性帶原者」。

帶原者不等於就是肝炎患者，若肝功能檢查正常、肝組織正常，代表肝炎病毒與宿主和平共處。不過，無論健康與否，帶原者都具有傳染力。

一旦發現自己是帶原者，一定要注意不要傳染給別人，並進一步檢查、定期追蹤。慢性B肝帶原者因為B肝病毒長期蟄伏在肝臟之中，可能引發慢性肝炎，將來罹患肝硬化、肝癌的機率也比一般人高。

所以，慢性B肝帶原者患者應該每4～6個月追蹤檢查一次，檢查項目包括：肝功能指數（GOT、GPT）、肝癌指數（AFP）及肝臟超音波檢查等

台灣醫療跨越國界
國際舞台發光發熱

「觀光」和「醫療」，這兩個乍看之下沒有何相關聯的名詞，這10年來有了不一樣的詮釋很多時候，觀光和醫療是可以並行的，尤其是國旅遊時。例如，到韓國旅遊時，順便做個整容手術或者到台灣旅遊時，順便買個醫美療程。

這種結合了國內特色醫療服務，與旅遊觀合而為一的國際醫療產業，也成了國與國之間的爭，在亞洲地區，新加坡、泰國、韓國、印度等都有不錯的成效，台灣這幾年急起直追後，也鎖了幾個醫療強項發展，例如台灣最著名的活體肝移植手術、人工生殖醫學及神經再造手術。

台灣醫技深得國際信賴

2012年4月，救護車尖銳的鳴笛聲，一路劃破擁擠的高雄街頭，疾風迅雷地往高雄長庚醫院奔去。車上，載的是越南胡志明市最大的醫學中心肝臟內科主任Dr.Dien。只不過，他這次不當救人的醫生，而是尋求一線生機的病患。

在幾乎是最後一口氣前，Dr.Dien被推進了開刀房，開始了這場非生即死的最後賭注，換肝手術。

「當時情況非常危急，只要我們晚了一步，他大概就活不了了！」Dr.Dien的太太，回憶起那一幕，仍然心有餘悸。而負責國際醫療協調工作的林秀娟，同樣忘不了那一天。「我第一眼看到Dr.Dien的時候，

越南肝臟內科主任Dr.Dien因肝昏迷來台進行肝臟手術。

高雄長庚醫院國際醫療協調師林秀娟，負責Dr.Dien來台醫療相關協調工作。

他是躺在機艙裡頭，吊著點滴，非常地虛弱，連講話聲音都非常小聲，合併嚴重的黃膽，總膽紅素高達51.7毫克（正常總膽紅素是1.4毫克以下），然後凝血時間也長達正常人的3倍，同時合併第二度的肝昏迷。」

為什麼越南大名鼎鼎的肝臟內科主任，不在自己國內就診，反而要飛到千里之外的台灣來開刀？正因為肝臟移植手術，是台灣最驕傲的醫療成就，也是目前台灣國際醫療5大強項之一。

台灣觀光醫療項目齊全

根據美國《觀光醫療完全手冊》調查，過去10年來，全球觀光醫療市場持續有傲人的成長！在2005年時全球觀光醫

療產值就已經達 200 億美元；2006 年光是美國就有 50 萬人到海外就醫；2010 年全球產值更達到 400 億美元，預估到了 2015 年，年複合成長率將達到 15%！這種結合了觀光、醫療於一身的國際醫療服務，不但提供了國內的就業機會，也活絡了該國的整體經濟。

根據《EIU 經濟學人智庫》（The Economist Intelligence Unit）裡引用 13 個健康指標評估 27 個國家的評估報告中指出，台灣是世界上第二健康的國家，因為每 1 萬人擁有 23.56 個醫生及 69.79 張病床，享有充沛的醫療資源，再加上醫生專業水準素質相當高，和歐美並駕齊驅，這些都有助於我國發展國際醫療。

因此，國內在多年前就已經開始重視這方面的發展，從早期的「挑戰 2008：國家發展重點計畫」，到後來的「大投

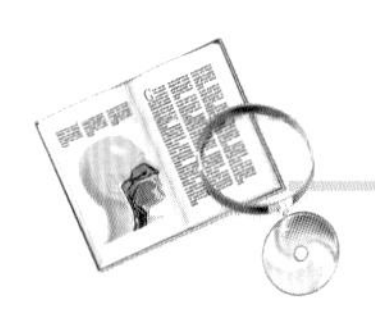

Information

國際醫療 5 大強項

政府在「醫療服務國際化旗艦計畫」及「健康照護升值白金方案」中將 5 大醫療強項列為發展國際醫療重點，5 大強項優勢為：

1. 活體肝臟移植：台灣肝臟移植手術 5 年的存活率達 90%以上，領先全球。
2. 顱顏重建手術：台灣擁有東南亞第一個顱顏中心，有完整的專科醫師及團隊，唇顎裂修補成功率達 100%，每年有 30 至 40 個國家來台學習。
3. 人工生殖技術：台灣擁有獨步全球的冷凍卵技術，人工協助生殖懷孕率高於 37.7%，活產率 27.7%，費用較他國低廉。
4. 心血管治療：如血管支架、繞道手術、心導管手術，成功率極高，冠狀動脈心導管支架放置術成功率高達 99%，併發症小於 1%。
5. 關節置換手術：台灣費用是國外的 1/3 或 1/4，且擁有豐富的人工關節置換經驗，每年近 2 萬例人工關節置換臨床經驗，並採用微創技術讓傷口變小、復原快。

資、大溫暖─2015年經濟發展願景」計畫，醫療照護產業都是重點產業之一；2007年時，經濟部還正式將國際醫療列入3年發展的旗艦計畫，希望做大台灣醫療市場。目前我國的國際醫療項目相當齊全，政府還訂出了5大強項，分別為：顱顏重建手術、人工生殖技術、心血管治療、關節置換術，以及這次Dr.Dien選擇來台進行的活體肝臟移植。

台灣肝臟移植技冠全球

換肝，為什麼難？高雄長庚醫院院長，同時也被封為「台灣換肝之父」的陳肇隆，用最清楚的白話，做了解釋：「換肝不像換腎，換腎的話如果沒有成功、沒有發揮功能，還可以讓病人再回去洗腎，但肝臟移植是起手無回，不成功便成仁！」

因為肝臟移植必須要把壞掉的肝臟整個拿掉，然後再植入新肝，而新肝必須要立刻能夠發揮功能，才能夠維持患者的生命！同時，動輒十幾小時的手術，更是執刀醫師在生理與心理上的極限挑戰！因為任何一個環節，只要一出錯，就會留下無法彌補的遺憾，也因此當Dr.Dien的情況越來越嚴重時，許多人紛紛催促他，「快到台灣高雄，去做移植手術，那裡的技術最好！」。

而台灣能在這一塊領域傲視全球，成為許多換肝病人的首選，要感謝的正是陳肇隆。他在1983年時赴美，拜師全球第一位肝臟移植的權威，回國後便在高雄長庚醫院率領醫療

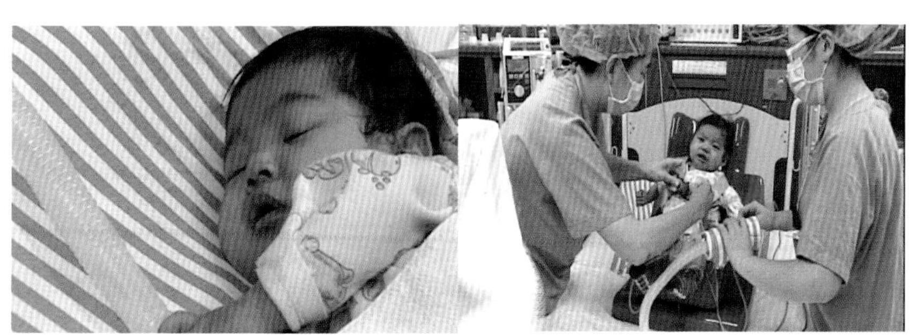

湖南小女孩在台灣完成換肝手術，除了監控生命的儀器外，院方特別為小女孩找來輔助椅加強復健的效果。

小組，進行了無數次的演練、完成了數次驚險的手術，救活了無數病患，成功在國際醫療打響名號。

如今，高雄長庚醫院每年活肝移植個案，和韓國蔚山大學並列全球第一，存活率更創下 98% 的最高紀錄，也使得肝臟移植為台灣的國際醫療，擦亮第一塊招牌！

國際醫療之行喜獲重生

任何器官移植術後，第個最怕的就是排斥，再來就是感染的問題。

而會做到肝臟移植的病患，通常都是末期肝衰竭，肝功能更差，因而相對地，會比一般的病人更需要密集性地照料、預防感染和注意營養。

而當 Dr.Dien 靠著台灣優越的移植技術，加上良好的照護和醫療服務，術後 3 星期，他已經脫離險境，不但能坐能笑能吃，甚至還可以和擔任兒童肝膽腸胃醫師的太太鬥鬥嘴。在這一次的國際醫療之行，台灣為 Dr.Dien 擋下了鬼門關，讓他的人生下半場得以順利展延。

試管嬰兒讓台灣大放異彩

但 Dr.Dien 的換肝手術卻只是台灣在國際醫療豐碩成果中的一個項目而已，自從國際觀光醫療在全球蔚為風氣後，在亞洲地區，有這麼幾句話形容地非常貼切：「想抗老、休假，到日本名古屋打胎盤素；想變美，就飛到韓國首爾的整型一條街，想整哪就整哪；假期長一點，可以到泰國的曼谷、清邁等地旅遊醫療中心，一邊玩一邊做全身健康檢查；想生小孩？那一定得到台灣！」

為什麼一定得到台灣？這得從 28 年前說起。1985 年 4 月 16 日，下午 3 點 26 分，國內第一名試管嬰兒張小弟，在台北榮總出生，體重 2800 克，身體狀況一切正常！

「試管嬰兒的媽媽產程有

試管嬰兒是指體外培養受精卵或早期囊胚。

台灣試管嬰兒發展歷程

1978 年 7 月 25 日，台北榮總院長鄒濟勳，看到英國誕生了世界第一個試管嬰兒露薏絲 ‧ 布朗，便向婦產部主任吳香達醫師提議成立一個試管嬰兒實驗室，來幫助台灣的不孕夫妻。

1981 年，國立陽明醫學院的劉國鈞教授在榮民總醫院成立了台灣第一個精子銀行；1982 年 7 月，法國弗來門教授（Professor Ren'e Frydman） 及戴斯塔醫師（Dr.Jacques Testart）兩位培育試管嬰兒的高手協助擬定了基本綱要。

為取法國外成功經驗，榮總派出婦產部家庭計畫科主任張昇平前往美國、婦產部主治大夫陳樹基前往法國學習，一年後返國。

1983 年 10 月，榮總取得新台幣 90 萬元的購置設備預算，試管嬰兒計畫就此展開，由吳香達醫師領導的試管嬰兒小組隨之成立。1984 年 4 月，榮總團隊臨床試驗有了成果，試管嬰兒小組又獲撥款新台幣 50 萬元；4-8 月，醫療小組選了 39 人進行第一批人體試驗。

30 歲的張淑惠是張昇平主任的病人，她結婚 6 年半卻遲遲無法生育，原因是輸卵管阻塞，張昇平於是建議她接受試管受精。和先生商量後，張淑惠欣然接受，1984 年 8 月 2 日展開了試管嬰兒的做人計畫。

8 月 4 日，醫生證實有 2 枚卵子已受精並分裂為胚胎，於是將胚胎置入張淑惠子宮內，不久後檢查，胚胎著床了，張淑惠也出現孕吐等懷孕症狀。

經由醫護人員悉心照顧，張淑惠在 1985 年 4 月 16 日下午 3 點 26 分，以剖腹方式產出台灣第一個試管嬰兒，開啟台灣人工生殖新扉頁。

一點點遲滯，胎心音有點不順，因此決定剖腹產。結果，哇，開刀房一大堆人，然後我們馬上有人去報告上級長官，說小孩（試管嬰兒）誕生了！然後差不多在5點半，馬上在介壽堂召開記者會！」當時曾參與整個計畫，目前是生泉試管嬰兒不孕中心院長的張昇平，回憶起那一刻，還是相當興奮。因為，就是從這個時刻起，台灣的人工生殖學就開始在世界大放異彩。

人工生殖解決不孕問題

現代人普遍晚婚，再加上生殖醫療技術越來越成熟，因此求助生殖醫療的民眾也越來越多，根據世界衛生組織的統計，全球大約有6,000萬到8,000萬對不孕夫妻，必須依靠人工生殖醫療技術才能生育。以加拿大為例，

台灣許多女性靠打排卵針來增加受孕機率。

台灣人工生殖技術高、價格低廉吸引世界各國來台求醫。「MIT」的孩子在世界各地出生、成長、茁壯。

7對夫妻中就有1對面臨不孕症的問題，在尋求生殖醫療協助的夫妻中，就有1/5的患者表示，曾透過人工生殖醫療手術受孕。

台灣方面，平均每6到7對夫妻中，就有一對有不孕症問題，而女性懷孕時年紀越大，流產率、孕期合併症狀就越多。七分之一的不孕機率是一個相當高的比例，但也從中可以發現，不孕潮所帶來商機有多大。

「生小孩對有些人來說是輕而易舉的，可是，對我們來講，是你怎麼努力也沒有用」。王美玲，就是那七分之一的患者。

為了生小孩，5年來她和她的洋夫婿前前後後共做了30次的人工授精、挨了上千針，但肚子還是沒有動靜；最後，他們決定做試管嬰兒，一共做了3次，成功率100%，為他

不孕症患者王美玲婚後共做了 30 次的人工授精及 3 次試管嬰兒，最後生出了 6 個小可愛。

們帶來了 6 個可愛的孩子。

MIT baby 廣佈全球

像美玲這樣的案例不知凡幾，目前全球有逾 400 萬人口，就是借助體外人工受精（IVF）技術而誕生，占西方國家總人口數的 1~2%。但想要小孩，付出的代價也相對可觀。

以美加各國來看，體外人工受精（IVF）手術費用，平均約在台幣 13 到 24 萬元不等，如果再加上細胞漿內單精子注射（ICSI），二合一手術費約在台幣 16 到 27 萬之間，但台灣醫療費用相對便宜，依年齡層不同，療程費用在台幣 8 到 20 萬元之間。如果是試管嬰兒，費用落差更大！香港一次大約要美金 7,000 元，美國要 15,000 美元，而台灣做一次試管，大概是 10 到 15 萬元台幣不等。

成功率高、醫療服務品質有口皆碑，再加上費用相對低廉，難怪這幾年來，從世界各國來台灣「做人」的患者越來越多，送子鳥來台灣的次數，也跟著一直往上攀升，「MIT」的孩子，在世界各地出生、成長、茁壯。

台灣生殖技術與服務卓越

這一切當然不是憑空得來

根據世界衛生組織的統計，全球大約有六千到八千萬對不孕夫妻，人工生殖醫療技術，成為他們的最後一扇窗。

的。美麗的結果，通常來自長久的耕耘。28 年前，台灣的生殖醫學還是一片荒土，當時試管嬰兒的成功率大約 7% 而已，但現在已經可以達到 40% 的成功率；以前取卵，用腹腔鏡需要 1 個小時，現在用超音波取卵只要 10 分鐘；以前的培養液由醫院自行泡製，現在的培養液，都是客製化的！

如今，不管是在輸卵管精卵植入術（俗稱的禮物嬰兒）、輸卵管胚胎植入術，或是卵子捐贈、精子注入卵黃間隙顯微手術、胚胎的協助孵化、排卵針劑的使用方法及改良、培養基的改良、克服重度男性不孕障礙的「單一精子注入卵漿內顯微手術」等等，台灣在各種技術都凌駕在亞洲各國之上、一直走在世界最前端。

原因無它，只有 2300 多萬人的台灣，就有 64 家經衛生署核准合格的試管嬰兒中心，以人口數比率來計算，非常密集，競爭激烈，因此不管在技術及服務品質上，都相當講究，才能贏得患者信任。

超高技術、台灣好孕

當然，再怎麼精準的技術，還是無法擺脫年齡的壓力。根據統計，女性一輩子能排的卵大約是 400 個左右，而透過生殖技術，在 30 歲以前順利生產的機率約有 35% 左右，30 歲後降到 29%，如果年紀超過 40 歲，那麼成功率只剩下個位數。

年齡的確是個天敵，但令人振奮的是，北醫現在還發展出了「粒腺體轉殖技術」，利用卵子周圍的顆粒細胞，提供足夠的能量來讓卵子受精分裂，讓它「強迫中獎」，為高齡不孕婦女帶來

一線生機！優異的成績，還有實惠的價格，台灣，真的好好孕。

除了人工生育外，台灣還有個一個獨步全球的醫療技術，那就是「神經再生」手術。

台灣神經再生醫學領先全球

如果說肝臟移植是台灣國際醫療第一塊招牌，那麼人工生殖技術，絕對是第一金雞母。而神經再生，就是台灣國際醫療獨步全球的第一絕招了。

1993 年，現任台北榮總神經修復科主任的鄭宏志在瑞典攻讀博士，和指導教授、前諾貝爾獎委員會主席拉許歐森（Lars Olson），一起從事動物脊髓神經修復研究。他們先將大白鼠的胸椎截斷 0.5 公分，再利用神經外科修復手術及雞尾酒療法配方，將神經移植在胸椎，然後再施以生長激素，沒想到大白鼠竟然恢復了運動能力！這項成果在 1996 年時，發表在「科學」期刊，並被當時美國總統柯林頓，譽為 20 世紀的 3 大發現之一！

「第一次看到我修復的老

Information

神經再生醫學的躍進

在神經再生臨床中，過去是取患者腳背的腓神經，接在脊髓神經斷裂處替代原有的神經導管和支架，經手術連接兩斷端後，注射神經再生膠促進神經生長；現在則發現生物醫學材料「幾丁聚醣」（天然高分子材料）製成的神經導管，有助於吸引斷裂神經沿著導管再生，且「幾丁聚醣」一段時間後可由人體吸收，不需再開刀取出。

因此目前多改利用「幾丁聚醣」做神經導管，接在斷裂神經上，再於導管內的空腔噴上可促進神經生長的細胞外基質，或在導管內塞入成體幹細胞，吸引斷裂神經在導管內生長，如同藤蔓攀附籬笆上生長般，既可免去取出腓神經的痛苦，也可應用在手臂神經叢斷裂、脊髓神經斷裂、頸椎神經斷裂等患者身上，達到神經再生的效果。

鼠腳會動時，我並沒有馬上跟教授講。等看到有 10 幾隻老鼠都有這個現象的時候，我才跟他報告。我們兩個坐在顯微鏡前，看那個神經元。教授突然很嚴肅地轉過來看著我，他說，『你有沒有信心對著全世界說，神經是可以再生的？』我就回答他說，『Yes！』」就這樣，伴隨著震撼全世界的 Yes，人類首度證明中樞神經可以再生，而鄭宏志也開啟了台灣神經再生的一連串奇蹟。

展開神經修復人體試驗

1997 年，鄭宏志回國後，台北榮總特地成立神經再生研發團隊，開始了全球第一個治療慢性脊髓損傷的人體實驗，主要是在先期讓患者的脊髓損傷部位獲得有效控制，不讓損傷範圍擴大，同時配合復健等來恢復部分神經功能，進而達到修復功能。

當時有 132 名患者參與了人體實驗，病情均有獲得不同程度的改善，連在美國主演「超人」的演員克里斯多福・李維（Christopher Reeve），也曾透過關係寄來病歷，希望能來台灣治療，可惜的是，後來他因為病情惡化無法成行。

比起超人，台灣的病患幸運多了！

神經再生創造生命奇蹟

趙先生，13 歲時因為鋼筷插入脖子，導致頸椎第 4、5 節受損，全身癱瘓，神經再生治療 1 年後，他已經可以走路，故事更被國家地理頻道作成專題報導。

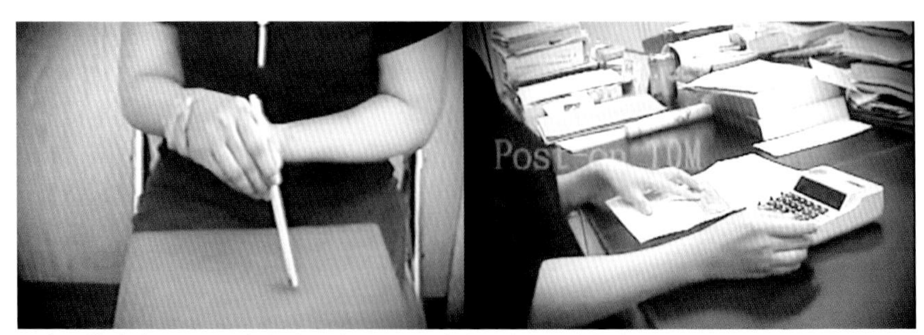

因車禍導致神經斷裂的病患接受神經再生治療後，恢復打字能力。

吳小姐，35歲時因為車禍，導致左側頸椎第5、6節神經根斷裂，左手無法上舉，左手臂無法彎曲。受傷3個半月後，她接受神經再生手術。術後2年，左上肢已可完全上舉，肘關節也可以彎曲，並且懷孕生子。

還有，瑞典的心臟科醫師艾德納，中風後坐著輪椅來台接受神經再生手術，2個月後，他已經能撐著枴杖，到台北近郊爬山。感受到台灣神經醫學的神奇，他還在瑞典醫師專刊上發表了一篇「台灣行，為何瑞典不行？」的文章。

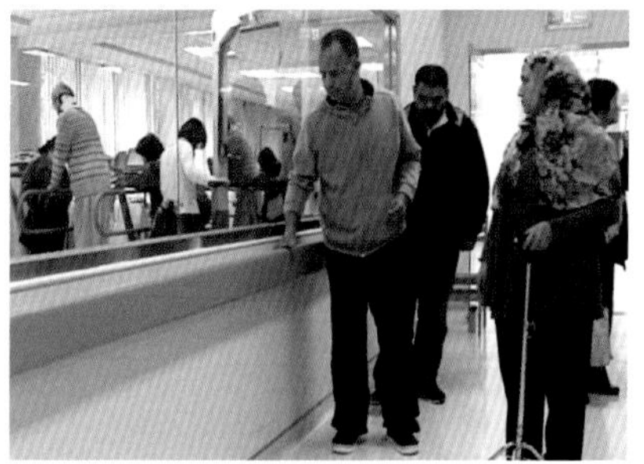

突尼西亞籍脊椎受傷患者Tijani在注射兩次生長激素後，加上物理復健治療，有很明顯的進步。

瑞典心臟科醫師艾德納，來台接受鄭宏志醫師神經再生手術，2個月後，他已能撐著枴杖到台北近郊爬山。

國際醫療新黃金傳奇

像他們這樣經由神經再生手術獲得重生的案例，這12年來不斷地增加，不斷地見證台灣奇蹟。這些奇蹟，都來自於在實驗室裡練了十幾年基本功的鄭宏志醫師。

這10多年下來，台灣在神經再生領域上的成果，全球有目共睹，每年都會吸引不少外國病患，特地前來台灣尋求生機，讓神經再生成為台灣國際醫療的黃金傳說！

神經再生醫學進步，讓許多人來台灣求醫。

醫材新契機
國際品牌台灣研製

高齡化社會、慢性病人口增加、健康照顧需
提高，醫療器材產業更顯重要，未來發展潛力無窮

台灣擁有物美價廉的製造業優勢，以及具世
水準的生醫研究與電子產業，因此政府將整合生
醫學、材料、機械及電子等跨領域技術的醫療器
產業，列為八大新興產業之一。

在台灣，我們確實看到很多好的醫療產品、
的技術和人才，但通路和品牌卻無法一蹴可幾，
要時間累積和長期耕耘。

為了快速打開醫療器材國際市場，環瑞醫集
在兩年前展開了瑞士品牌 Swissray 的併購行動
開啟台灣加速邁向高階醫材、走向國際舞台的新
機。

瑞士血統，台灣腦袋

走進環瑞醫投資控股集團位於台北內湖嶄新的亞太營運總部，舉目所見盡是一片明亮的白、點綴著強烈鮮豔的紅。在這裡，連空間都很「瑞士」。紅白搭配的裝潢色系，馬上就讓人聯想到紅底白十字的瑞士國旗。

辦公室入口處雪白的牆上高掛著招牌 Swissray，沒錯，這是一家百分之百源自於瑞士的知名醫療器材品牌。

不過，流了 30 年瑞士血統的它，如今卻有顆台灣的腦袋。

體認品牌與通路的價值

兩年前，環瑞醫投資控股醫療事業集團董事長李祖德，體認到台灣發展生技產業的最大瓶頸，就是缺乏國際品牌和通路，評估當時正在尋求資金協助的 Swissray，品牌優勢與台灣的生產技術和研發將是個完美結合，於是便和承業生醫董事長李沛霖等人，展開一連串的市場評估和策略分析，然後和環瑞醫執行長李典忠一起前往瑞士談判。

自己是醫生，又在台北醫學大學擔任了 18 年的行政董

Profile

精密影像醫學設備公司 Swissray

Swissray Medical AG 1984 年設立於瑞士霍赫多夫（Hochdorf），是一家瑞士知名品牌的影像醫學設備商，在全球擁有 2500 部 X 光機及超過 800 部 DDR（Direct Digital Radiography）的銷售經驗，並且擁有 SRI 美國子公司的行銷通路，是世界知名 Digital Radiography 市場的領導廠商。

值得一提的是，Swissray 擁有精密科技的品質保證，可以用最低輻射劑量產生最高品質的影像，並擁有 APS 全自動定位系統及容易上手的操作介面，所有產品百分之百在瑞士研發與製造，因此取得全世界第一個通過美國 FDA 認證全數位化 X 光機的殊榮。

環瑞醫投資控股醫療事業集團董事長李祖德認為建立品牌和拓展通路，是台灣醫療產業未來努力的方向。

事，加上擁有20年創投經驗，李祖德深知在醫療產業裡，醫療「品牌」和「通路」的價值，「在醫療這一塊產業裡，我想台灣目前可能還要花非常多的時間、資源，才能夠創造出被全世界認可、具有相當醫療品質的一個品牌，這是為什麼我們要去併購Swissray的主要原因。」

併購品牌直通國際市場

「全球醫材市場的產值高達3500億美元，而且每年以高於6%的速度在成長，尤其中國市場的年成長率更是全球的兩倍多。」李典忠看好生技醫療產業是台灣下一波產業亮點，但也同時看到台灣面臨的瓶頸，「最大的挑戰是怎麼將技術商業化？賣給誰？誰來賣？這當中需要解決的問題，包括全球市場通路、國際化的醫療品牌、具有國際觀的專業經營團隊、產品的法規認證、全球服務系統供應鍊、專利佈局……等等。」

因此，他們決定走出去，用併購國外品牌的策略，來縮短通往國際舞台的時間。

「講到品牌，Swissray是一個在全世界五大洲都有人可以叫得出名字的品牌。而且它是瑞士的品牌，瑞士在所有品牌裡算是最頂級的。它這個品牌又是純粹醫療品牌，原汁原味、最高階的品牌。」李祖德強調，既然要收購國外品牌，當然選口碑最佳的國家的品牌！

出境前一刻簽定意向書

醫療器材，不容許reset或當機，「在醫療產業，不管窮人、有錢人，考慮的都是醫療品質。那什麼叫作『品牌』？

『品牌』的背後，就是品質。」李典忠說：「在市場調查上，全世界七成的人，都認同瑞士品牌就是品質的代表。Swissray 的研發生產中心，向來都在瑞士，具備了全球所有代表高品質的認證。」

為了和已經談了一年多併購計畫的中國及新加坡買家競爭，李祖德和李典忠在和股東達成共識、資料也準備齊全後，馬上飛往瑞士，展開 30 小時不間斷的談判，「我們先請 Swissray 幫我們介紹一個當地的律師，台灣駐 WTO 的大使林義夫先生也派人來協助我們，幫我們瞭解瑞士法律上、稅務上的一些事情。在談判過程中，對方雖然屬意我們，但不知道該怎麼對新加坡還有大陸人交代，甚至到我們兩個人都到機場準備離開了，還有很多事情仍然在協商。」

談到這段 30 小時談判歷險記，李典忠笑著說：「後來 Swissray 的人從飯店追到機場出境大廳，我們雙方還在拉鋸；一直到我們已經在航空公司櫃台辦好了 check in 手續，我對他們說，『我們回去就不會再來了，你考慮一下……。』到不得不出境的最後一秒，我們才終於在律師的見證下正式簽約，取得了台灣團隊優先併購的意向書。」

一搭一唱，扭轉劣勢

「現在回頭看好像很順利，當時卻睡不著覺，因為股東們的錢都在我們的手上，談判過程中，好幾次我都快瘋掉了！」創投老手李祖德和李典忠一搭一唱，總是把情勢扳回

李祖德（左）和李典忠是默契十足的合作夥伴。

來。「30小時之內，有時候他唱黑臉、我唱白臉，有時候我唱黑臉、又拉回來。」

舉例來說，對方來接機的人還沒出機場就非常高姿態地說，「我們可能考慮不賣給台灣人了！因為目前大陸和新加坡人都非常積極。」當時李祖德馬上扳起臉來對李典忠說：「Jack（李典忠），你去安排一下，我們在蘇黎世辦個半天的city tour（城市旅遊）吧。既然不賣，我們就走吧。」對方一看苗頭不對，反而緊張了起來，立刻坐到談判桌上。

短短30小時，就比中國和新加坡買家搶先一步完成併購意向協議書，之後又順利收購這個原本屬於家族企業的品牌。這項商業上的成功，替台灣生醫產業的經營，開啟了一個創新模式；也立下台灣走向國際、進入高階醫療器材市場的重要里程碑。

官方協助贏得賣方信任

「事實上，我們提出來的

在當時任世界貿易組織代表團常任代表暨大使的林義夫（左二）等官方人員協助下，及李祖德（右二）和李典忠（右一）黑臉白臉一搭一唱的談判技巧，贏得瑞士賣方信任順利取得合約，左為環瑞醫股東葉宏圖。（圖片提供：瑞亞生醫）

條件和價格，並不是最優惠的。我們的競爭者包括中國大陸排名前百大的私人企業，這家公司在中國內部從事醫療產業，已經有15年。我們都知道，中國內部面臨整個經濟結構、人民期望的改變，中國製的產品已經越來越被打壓了，所以他們需要一個國際品牌的加持，而且他們進行這個併購案已經先進行一年多了，勢在必得。」李典忠表示，當時除了這家大陸企業外，另一個來自新加坡。「中國買家提出來的是價碼的優惠，新加坡公司提出來的當然就是律師團、會計師團，又帶槍又帶炮地去大陣仗的談判。」

李典忠認為用同理心與為對方設想，可以贏得對方信任。

面對中國買家的財大氣粗、新加坡買家的大批專業團隊陪同，勢單力孤的李祖德和李典忠，成功秘訣到底是什麼呢？

讓對方信服的專業、事前完善的準備，和多年累積的併購經驗，都是談判成功的重要因素，台灣官方代表的支持也帶給他們實質的幫助！

李祖德說：「我非常感謝當時在WTO擔任大使的林義夫先生，我們到了瑞士後，他派法律官員來陪我們，他自己也參加整個過程。歐洲國家非常重視政府官員，所以林大使整個團隊過來的時候，讓賣方覺得台灣非常重視這件事，當對方看到連官方都積極關心、協助的時候，就感覺獲得相當的尊重，也增加對我方的信任。」

同一陣線、將心比心

李典忠認為將心比心最重要，「為對方設想，是董事長用的一個人性化策略，就看你怎麼用誠懇的態度去打動原來的股東！舉例來說，在歐洲，歷史悠久的品牌，很多都是家族企業，他們在意的就是 carry on（繼續沿用）這個名字，比金錢利益對他們來講，可能更重要。」所以，李祖德告訴對手參與談判的股東們，「如果你讓我們接手的話，我們會繼續 carry on 這個品牌的名字，也會永遠把你們家族的名稱，放在公司整個企業精神裡面！」

除了抓住股東的心，讓員工買帳也是談判重點，李祖德說：「Jack（李典忠）一直擔任 CEO，所以他很能夠從專業的角度，不斷説服，讓員工明白，未來這個公司應該怎麼發展？未來公司會把員工帶到哪裡去？讓他們覺得，你講的這些都是可操作的，而且你們有能力操作。我們相信你。」

當然，心理戰也是致勝關鍵，李祖德透露談判技巧是「我在第一分鐘讓對方和我們在同一條船上，跟對方説我們是一個利益共同體，我們是在共同完成一件事，一起來面對問題、解決問題。相反的，有些競爭者採收屍隊的策略，等你快死的時

台灣經營團隊經過兩年重整，於 2013 年 4 月 23 日在台灣正式成立 Swissray Global。（圖片提供：瑞亞生醫）

候來收屍；當 Swissray 那些談判的人在習慣面對收屍隊之後，突然遇到願意和他在同一條船上的人，會讓他比較容易快點下決定。」

大陸加碼，台灣依然勝出

雖然短短 2 天就順利簽下優先併購意向書，但回台灣一星期後，李典忠接到 Swissray 的 email，想要重新協商，「因為中國買家一直不放棄、開出更優渥條件，說不管台灣人出多少價錢，他們都再加碼 20%。」所以賣方有些動搖，李典忠回應他：「我一向認為歐洲人是最尊重法律、尊重承諾的，現在你們如果想要更改意向，我想這可能不是錢的問題，多 20%、30%……而是你們的國家民族、你們的尊嚴，要賣多少錢？」

後來，Swissray 原本的經營家族放棄了重新協商的念頭，依意向書約定，30 天內派了代表來到台灣完成簽約程序。講到這段插曲，李典忠笑說：「所以，嚴謹的瑞士法律，也是我們的保障。」

在併購完成之後，李典忠問過 Swissray 原本的經營家族，為什麼最後放棄條件優渥的中國買家，「他們說，雖然中國大陸的市場非常大，但如果在現階段把一個瑞士品牌交給了所謂 made in China，他們擔心整個品牌的價值會因此受到打擊和影響。而台灣跟瑞士在環境、國際貿易上的地位和條件，都非常類似，都同樣面臨內需市場不足以支撐任何高階產業發展的問題，所以勢必要走到國際通路上。」

借用知名品牌行銷全球

相信交給這個專業團隊會讓品牌得以延續、甚至發揚光大，所以 Swissray 如今注入台灣新血，全力走向國際舞台。

李祖德強調，環瑞醫投資 Swissray 的目的，就是「希望借光瑞士品牌、將台灣產業推向國際！品牌的精髓在具備持續制定下一代產品規格的實力，Steve Jobs 對 Apple 所做的事就是如此，這也是台灣產業目前最大的弱項。我們投資 Swissray，就是希望台灣產業能分享瑞士這項傲視全球的

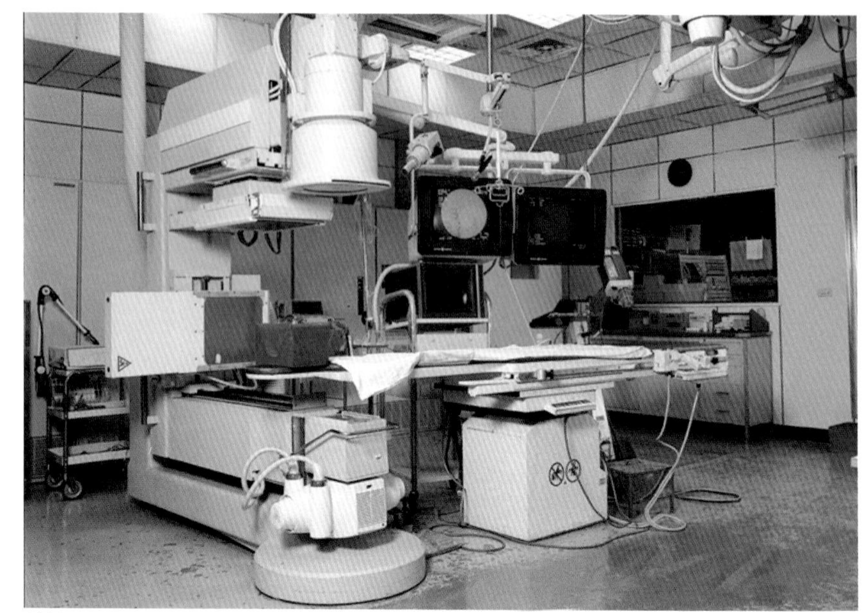

數位 X 光機打開台灣高階醫療器材國際化的大門。

能力。未來環瑞醫將採取研發交流化、零件在地化和產品國際化這三種發展策略，健全環瑞醫自有競爭力，也帶動台灣相關產業國際化的發展。我們將充分利用 Swissray 這個國際通路平台，將台灣本地研發或國際代工搜尋的優良產品，利用全球通路讓台灣產業行銷國際。」

台灣經營團隊入主 Swissray 之後，經過兩年重整，為響應政府政策，落實「一醫材、一聯盟」的發展策略，2013 年 4 月 23 日在台灣正式成立環瑞醫投控醫療事業集團（Swissray Global; SRG），特別整合旗下 3 家 100% 持有的子公司，包括美國公司 SRI（Swissray International）、瑞士公司 SRM（Swissray Medical AG）及台灣公司 SRA（Swissray Asia 瑞亞），希望結合瑞士、美國及台灣的研發和通路，搶進數位 X 光機新產業，爭取全球新興市場 650 億美元（約新台幣 1.95 兆元）商機。

環瑞醫董事長李祖德在公司成立記者會上公開表示，為因應目前急遽成長中的數位X光機需求、推動台灣高階醫療器材和技術的發展、協助台灣生技醫材相關產業升級，將以國際知名品牌Swissray為全球行銷通路平台，攜手產官學研醫等單位，整合中下游產業零組件與整機組裝生產的完整產品鏈，將台灣產品推向國際、行銷全世界。

打造高階醫材黃金艦隊

李祖德強調，台灣醫療器材要發展的下個階段有兩個關鍵，一個是新產品規格，一個就是行銷通路。台灣以往缺乏的就是行銷全球的品牌，未來期許利用Swissray在數位X光機的品牌優勢，打造台灣高階醫材行銷全球的黃金艦隊，Swissray就扮演其中的航空母艦，帶領台灣的零組件廠回攻歐美及新興市場。其中將與國內面板、電源供應器廠及數位X光關鍵組件廠商結盟，打造台資背景高階醫療器材全球品牌。

而環瑞醫的執行長李典忠則表示，為了積極打造高階醫材的黃金艦隊，環瑞醫已經和工研院、核研所、和鑫生技、

Swissray 環瑞醫旗下的瑞亞生醫與行政院核研所、工研院簽署合作備忘錄（MOU），由左至右排列為：行政院原子能委員會核能研究所沈立漢副所長、Swissray CTO 技術長 Andrew Jeffries、財團法人工業技術研究院劉仲明副院長。（圖片提供：瑞亞生醫）

國內電源大廠及面板廠等結盟，共同研發低劑量 Baby X-Ray 及亞洲人專用的影像機台，並決議投入 3 億元，2013 年底前將在台灣設立研發中心。

李典忠進一步說明，數位 X 光機的關鍵零件主要就是 X 光管、電源供應器、面板等，在 X 光管部分，目前全球 99% 都使用反射式，但不僅產生熱能，而且必須使用更高輻射劑量。而國內的和鑫生技自行研發的穿透式 X 光管，擁有全球 6-8 個專利，可解決高耗能的問題，提供較安全、安心的診斷環境，適合使用在低劑量的嬰兒用 X 光機，以及開發亞洲女性緻密型乳房的乳癌篩檢儀器。

發展獨創和市場需求產品

與和鑫合作的技術，已發表在全球指標性的專業雜誌中，預計 2013 年底第一個試驗機將出爐，2014 年向美國 FDA 申請認證，2015 年上市。而除了和鑫生技之外，環瑞醫旗下的瑞亞生醫還會透過工研院及核研所的協助，與台灣面板、電源等指標大廠合作，目標是將原有的產品升級為醫療使用，創造三贏局面。

為了更進一步強化與政府部門和研發單位的合作，環瑞醫投資控股公司成立當天並和行政院原子能委員會核能研究所、工研院簽署合作備忘錄，未來三方將串連相關單位，有效強化在台研發能量，結合各家核心技術與市場優勢，在創新技術和整機實務上，發展出具有獨創性和市場需求的產品。

利用 Swissray 國際品牌和全球通路，建立 MIT 產品行銷國際市場的平台；利用 Swissray 的技術、認證能力，接軌台灣產官學研，發展創新科技產品，並且成功地商品化和商業價值化；利用 Swissray 的產品量產和開發需求，帶動台灣產業光機電熱軟，發展附加價值更高的醫療產業、關鍵性零組件供應價值鏈；利用 Swissray 的醫療產業經驗，導引台灣發展符合全球市場應用的技術產品、法規認證和態度思維……，從環瑞醫收購 Swissray 的成功案例，我們彷彿看到台灣醫療器材產業新的啟動密碼。

李祖德

環瑞醫董事長、同時也是台北醫學大學董事長的李祖德，在過去 18 年擔任北醫董事和董事長的歲月裡，不但挽救了一度瀕臨破產的母校，更帶領母校成長茁壯，讓北醫發展成員工人數超過 6,000 人、一校三院的龐大醫療體系。

李祖德畢業於北醫牙醫系，曾從事臨床研究工作 15 年，並曾經營台灣第一個連鎖牙醫診所，之後轉投商業界，曾擔任北京星巴克董事長、北京燕沙百貨董事及香港中安基金公司總經理等職。

闖蕩創投界多年的李祖德，1995 年還在北京擔任星巴克咖啡董事長時，被北醫校友會推薦出任台北醫學大學董事，當時學校財務連年虧損，幸虧李祖德以豐沛的人脈，加上厚實的資源整合能力，迅速讓北醫內部團結起來。

深知財務重要，他力主台北醫學大學拿下北市萬芳醫院 BOT 案，讓原本無人接手的萬芳醫院在 2 年後轉虧為盈。2003 年，李祖德帶領台北醫學大學團隊，打敗了中國醫藥大學、輔仁大學和長庚大學等競爭對手，申請到衛生署署立雙和醫院 BOT 標案，2008 年順利開幕，大幅拓展北醫的醫療版圖。

近年，他帶領的台北醫學大學附設醫院、萬芳醫院、雙和醫院，全數通過 JCI 評鑑，醫療品質獲得肯定。

將北醫體系帶上軌道後，李祖德近來慢慢將事業重心轉移到醫療器材產業。希望「借光瑞士品牌、將台灣產業推向國際」，他主導了環瑞醫收購 Swissray 品牌案，最新消息指出，102 年 4 月剛成立的環瑞醫，將於 102 年底掛牌，搶攻上看 650 億美元的醫材市場。

第二篇　新藥里程碑

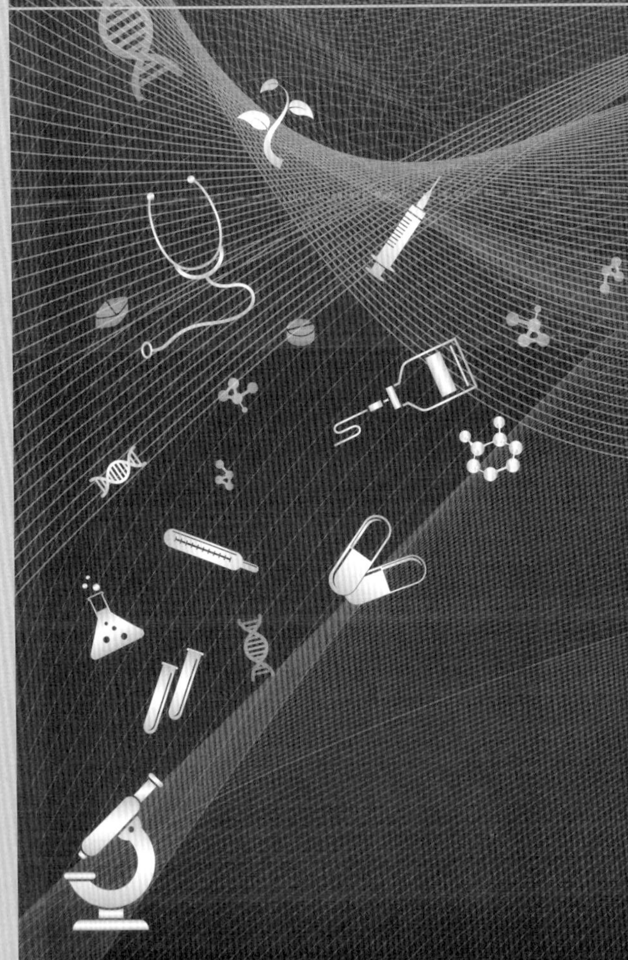

新藥從研發到上市是一段漫長而艱辛的歷程，
成功機率不到 1%，
但一旦成功上市，報酬率卻可能高達 90%。
這種高風險、高報酬的產業，
很適合地小人稠的台灣！
台灣擁有優秀的人才及強大的研發能力，
如果能鎖定區域優勢勇於嘗試，
找到適合的題目全力發展，
再運用階段授權的經營模式來創造利潤，
與對岸聯手進軍國際市場，
台灣新藥開發能量不容小覷！
現在，台灣的製藥公司都在摩拳擦掌，
準備全力奔向動輒千百億市場的製藥新藍海！

基亞生技
肝癌新藥備受矚目

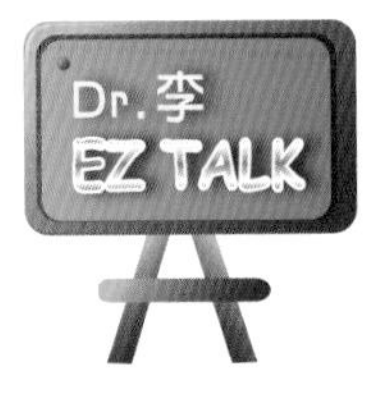

西元 2000 年，全球生技產業掀起一波基因碼熱潮，那段期間，生技公司在台灣也如雨後春般成立。

歷經 12 年的風雨飄搖，許多當初野心勃勃公司，已因熱錢燒完而關門大吉。然而，資本小且在投資界和生技界知名度都不高的基亞生技，靠著全方位的佈局存活下來，現在不但榮登上市百元俱樂部的成員，更逐漸在世界佔有一席之地。

生技黑馬致力肝癌新藥

2012年10月，櫃買中心舉辦年度最後一季的業績發表會，打頭陣的生醫族群，受到投資人熱情的回應，其中，又以基亞生技最受注目。其實，自從9月份基亞的肝癌新藥PI-88入選為TFDA（台灣食品藥物管理局）「兩岸醫藥研發合作專案試辦計畫」的示範藥物後，基亞股價已從20幾元一路漲到140幾元。雖然單季每股稅後仍虧損0.25元，但已是2年來的新低。

基亞董事長張世忠表示，「只要大家再有一點耐心，基亞將交出第一張亮麗的成績單。」張世忠之所以這麼有信心，不是沒有原因；燒錢燒了整整10年的基亞，度過生技界最殘酷的淘汰期，終於挨到開花結果的最後階段。

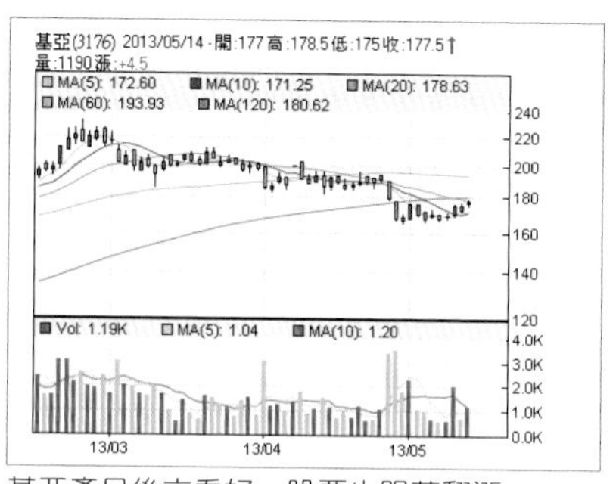

基亞產品後市看好，股票也跟著翻漲。

這個生技界的明星黑馬橫跨新藥開發、核酸檢驗及疫苗量產等3大領域：在疫苗部分，H5N1流感疫苗已進行臨床試驗，目標鎖定亞洲及南半球市場；爾後還將陸續開發腸病毒EV71及日本腦炎疫苗；至於新藥部分，進度最快的肝癌新藥PI-88，已經在韓國、台灣、大陸共23個醫學中心展開第三期的人體臨床。預估最快在2014年，PI-88就可以在台灣與中國先後上

PI-88是基亞最具明星相的新藥。（圖片提供：基亞生技）

市，與目前全球唯一獲得美國FDA許可的拜耳（Bayer）肝癌用藥Nexavar，搶奪大中華市場一年超過150億元的商機。

全方位佈局衝出好成績

除了使用於早期肝癌的PI-88之外，基亞也和日本Oncolys Bio Pharma策略聯盟，共同研發OBP-301溶瘤病毒，這項由基因工程改造病毒的產品，能在癌細胞內複製直到癌細胞溶解死亡，屬於治療肝癌中期的用藥，目前已進入第二期臨床；至於「末期」治療藥物LS-01現在也在動物試驗的階段。

基亞對於肝癌治療初、中、末期的全方位佈局，成為生技產業十分亮眼的公司。2011年底以23元掛牌後，股價在不到一年內就大漲了將近4倍，一時之間，帶動國人對於新藥研發的信心與熱潮。

有人說，台灣生技產業因為資本規模太小，不得不朝向多元化發展，分散子彈的結果，使得新藥研發的成果都不盡理想；針對這一點，基亞顯然是

生技最前線

基亞另一新藥OBP-301

基亞除PI-88新藥開發外，另於2008年與日本的Oncolys BioPharma公司簽訂策略聯盟合約，共同開發擁有全球專利與商業權利的Telomelysin (OBP-301)溶瘤病毒新藥開發案，主要的治療對象是無法以手術切除的中期肝癌患者。

此一專題已完成在美國執行的第一期安全性臨床試驗，基亞將主導肝癌的臨床試驗，並將於完成第二期人體試驗時，共同尋求對外授權的機會。

基亞認為此一策略聯盟可以結合雙方資源，通力合作提升OBP-301的價值，並共同分享對外授權後的利益。目前該產品已獲美國FDA及台灣TFDA審查通過，將於不久的將來，正式推動第I/II期臨床試驗。

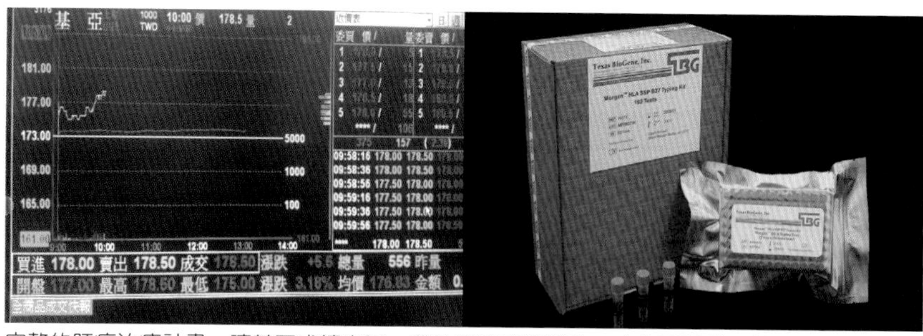

完整的肝癌治療計畫，讓基亞成績亮眼，帶動股價持續攀升。（右圖提供：基亞生技）

個例外。多角化發展的基亞，資本額不過13億元，卻仍在金錢與時間的壓力下，闖出令人刮目相看的優異成績。

台灣肝癌經驗有助研發

PI-88是基亞最具明星潛質的新藥，這種由酵母菌發酵純化的寡醣類化合物，可以抑制使癌細胞擴散的肝素酶及新血管的增生。12年前，基亞與澳洲Progen（普基）公司以策略聯盟的方式，打算聯手靠PI-88開發世界級的抗癌新藥，由Progen負責幾個西方國家常見癌症，基亞則鎖定肝癌，分頭進行臨床試驗。

為何基亞獨鍾肝癌？其實這是一項策略性的思考。肝癌

生技 EZ Learn

PI-88抗癌原理

PI-88主要是通過兩種機制發揮抗癌效果：

1. 抑制類肝素脢（Heparanase），進而抑制血管生成相關生長因子的釋放，減少腫瘤細胞對外擴散與轉移。
2. 抑制血管生長因子，包括成纖維細胞生長因子-2（FGF-2）、成纖維細胞生長因子-1（FGF-1）、血管內皮細胞生長因子（VEGF）等，進而降低血管新生的作用，為全球少見同時具備上述兩種機制的抗癌藥物。

是華人最常見的疾病，光是整個亞洲的肝癌病患就占了全球90%，尤其在台灣，自從有統計數字以來，肝癌一直排行死因前兩名，這使得台灣醫界對於肝癌的治療經驗及研究成果都相當豐富。

正因為如此，基亞認為，唯有將PI-88的適應症鎖定在肝癌，才有機會力抗國際強大的競爭對手。

鎖定區域優勢全力衝刺

張世忠表示，如果一開始就選擇西方國家也同感興趣的領域，在財力和人力都無法競爭下，很容易被消滅。所以，選擇區域性優勢，攸關台灣生技產業能否成功發展的重要關鍵。

抓穩方向後，基亞全力以赴，相對於普基遲遲沒有重大突破的情況，基亞的臨床試驗數據十分漂亮。果然，在PI-88對應各類癌症的臨床試驗中，只有台灣負責的肝癌，順利進入第三期人體臨床試驗。

「我們當初講好要一起出一桌滿漢全席，由基亞負責一盤肝癌大菜，他們出幾個西方人癌症，包括肺癌、攝護腺癌、骨癌這一類的大菜，但做到現在，我們真是炒了一盤肝癌大菜，他們卻只出了3盤小菜，而且都不怎麼好吃，因為呈現出的療效只有一點點。」

兩岸聯手進軍國際市場

台灣的肝癌研究一直是世界翹楚，基亞將大半資源投入這個具利基的領域，果然在困

生醫雷達站

兩岸藥品開發的互動

兩岸醫藥品查驗中心（CDE）在2012年11月27日簽署保密契約，雙方將針對藥品技術審查進行交流，在符合臨床試驗管理國際規範的標準下，以減少重複試驗為目標，結合兩岸各自特有的優勢，以試點及專案方式，積極推動兩岸藥品臨床試驗研發合作。

難度頗高的新藥研發路上，沈穩地跨出成功的第一步。

2012 年 9 月，TFDA（台灣食品藥物管理局）和 SFDA（中國大陸食品藥品監督管理局）推動兩岸醫藥品合作計劃，共同啟動聯合審查的機制，搶進 10 年內高達 3 兆美元的國際醫藥市場。

PI-88 是首批取得「兩岸藥品研發合作專案試辦計畫」的少數藥品之一，目前已通過 SFDA 核准，取得直接進入第三期人體臨床試驗的許可，將成為台灣第一家，在大陸跳過人體一、二期臨床，直接進入第三期的新藥公司，預料將大幅節省藥物上市的時間。

基亞鎖定華人最常見的肝癌研發新藥，成為國內最具潛力的新藥研發公司之一。（圖片提供：基亞生技）

700 億市場新藍海

根據統計，台灣每年有

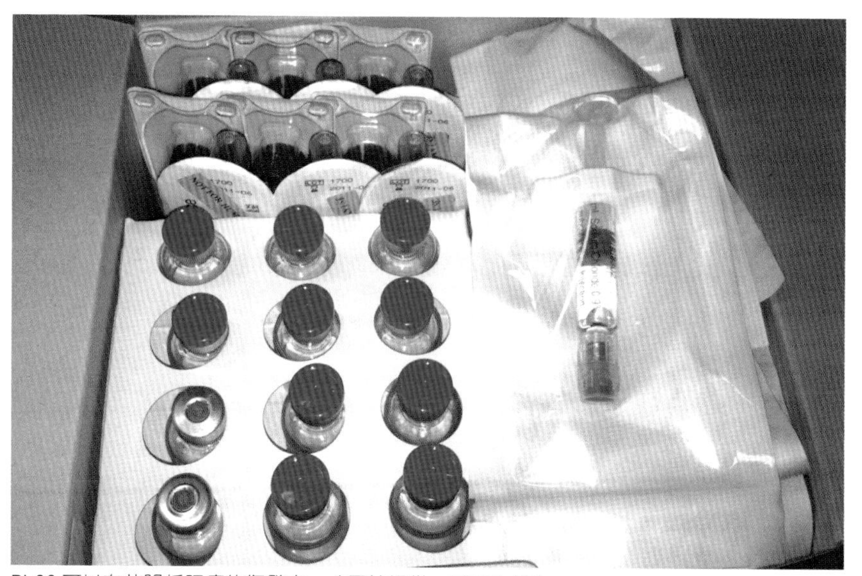
PI-88 可以有效降低肝癌的復發率。（圖片提供：基亞生技）

8000人，大陸有48到50萬人死於肝癌，因此工研院曾樂觀評估，PI-88光是在整個華人市場，就有機會上看700億台幣。尤其這10年來，大陸的經濟條件已大幅改善，過去無藥醫，也沒錢醫的疾病，出現前所未有的新藍海。

而除了中國大陸之外，PI-88也分別獲得歐盟EMA，以及美國FDA「孤兒藥」資格的認定，在歐盟除了享有各項優惠措施，在藥品上市後也擁有10年的專賣保護期；至於美國方面，也因為罕見疾病藥物而獲得研究經費的補助，上市後也享有7年的專賣權。這兩大獨佔的專賣保護成了兩塊碁石，為PI-88未來在歐美市場的授權與拓展，奠下重要的根基。

張世忠很驕傲地説，其實打從一開始，基亞就鎖定至少亞洲以上的全球市場，雖然目前國際大藥廠拜耳也在發展類似的新藥，但基亞勝出的機會比對方大，「我覺得我們會追過它，因為我們的藥效比他們（拜耳）好，副作用比他們小。現在他們資料根本整理不出來，因為副作用太大，很多病人不能用到足夠的劑量，所以連療效該怎麼評估都是個很大的問題。」

生醫小辭典

孤兒藥

孤兒藥（Orphan Drug），也稱作罕用藥，是指專門治療罕見疾病的藥物。例如中研院院士陳垣崇研發、專門治療龐貝氏症的藥物Myozyme便是知名孤兒藥。

藥物開發成本高，如果市場規模不夠，藥廠多半因為成本難以回收，不願花錢研發新藥，使得「孤兒藥」難以問世。為了鼓勵藥廠投入資源來開發罕見疾病藥物，各國對孤兒藥都有既定的優惠政策。

相對於肝癌是國人最常見的死亡原因，在歐美，肝癌並不常見，大約只有十萬分之一的人死於肝癌。因此，PI-88才有機會獲得歐盟藥物管理局（EMA）及美國食品藥物管理局（FDA）認定為孤兒藥。

術後預防復發效果良好

相較之下，基亞的新藥開發進程順利得多；而且 PI-88 在第三期臨床，將以第二期效果顯著的個案做為試驗對象，預期治療成果會比前兩期來得明顯，甚至有可能大幅高過 FDA 的門檻。

不過，基亞最大的勝算，在於目前世上根本沒有預防肝癌的用藥，所以只要 PI-88 開發成功，不僅將寫下世界第一，也將成為市場的獨大。

目前肝癌在切除後只能追蹤觀察，不過，術後第二年的復發率高達 5 成；在反覆復發、手術、電燒、栓塞後，可能只剩下肝臟移植一途。PI-88 的問世，將有機會改變這種悲劇。根據已完成的第二期臨床顯示，PI-88 不但可以有效降低 36％的肝癌復發率，復發時間也從 27 周延長為 48 周，所以只要肝腫瘤小於 3 公分，術後的預防狀況很良好。

因為選擇了華人最熟悉的疾

生技最前線

PI-88 三期臨床規模龐大

基亞生技 PI-88 肝癌新藥國際多中心第三期臨床試驗，主要在驗證肝癌病患手術治療後接受 PI-88 作為輔助療法的有效性和安全性。台灣參與臨床試驗的醫學中心包括：台大醫院、台北榮民總醫院、台中榮民總醫院、林口長庚醫院、中國醫藥大學附設醫院、彰化基督教醫院、高雄長庚醫院、成大醫院等 9 大醫學中心。除台灣外，目前參與 PI-88 試驗的其他地區包括韓國、香港、中國等，中國大陸從 2012 年開始收納病患，臨床試驗地點包含中國知名的肝癌治療中心，上海復旦大學附屬中山醫院及天津腫瘤醫院。

PI-88 是台灣衛生署醫藥品查驗中心 (CDE) 的指標案件，同時也是中國大陸衛生部的快速審查案件，在多個國家執行第三期肝癌人體臨床試驗，計畫共收納 500 位的病人。預計 2013 年完成期中分析，2014 年完成主試驗。

病，讓歐美競爭對手苦追在後，再加上坊間沒有相似產品，這一切讓 PI-88 的出線，勝券在握。

人體實驗有成效再授權

和一般生技公司一樣，基亞的資金也曾遇到瓶頸，雖然還不到斷炊的地步，卻也行近山窮水盡。2005 年，是基亞最動盪的時候，當時的第二期臨床才剛要結束，這和原始股東的期待有一段距離。雖然這些股東都理解新藥研發曠日廢時，但已邁入第 6 年的基亞，連二期臨床都還沒結束，一度讓股東信心大失，急於抽腿。

慶幸的是，基亞的二期人體實驗成果不錯，這讓臨床陷入苦戰的母公司 Progen 出面談判，最後，基亞將臨床成果授權給 Progen，除了拿到 500 萬美元以上的權利金之外，後續還可拿到市場權利金，這整個 Package 的總價值超過 10 億台幣，基亞也因此一下子轉虧為盈，化解了資金窘迫的危機。

「引進原始技術，等到人體實驗有了具體成果再授權出去」，這是藥物開發最典型的方法，而基亞便是循這個途徑，拿到第一筆權利金。不過當時基亞只有 PI-88 這個產品，賣給母公司之後，接下來可能有好幾年都不會有進帳，這和國際大藥廠的 Pipeline（同時有很多藥在進行）相距甚遠，所以基亞一直想找新的產品，來填補中間的不足。

基亞董事長張世忠以穩健的步伐、精準的眼光，帶領基亞開創出新局。

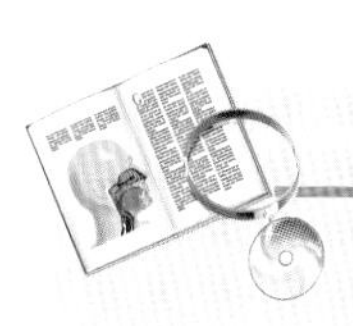

基亞肝癌新藥 PI-88 研發進程

2007
- 6 月新藥 PI-88 完成 2 期人體試驗。
- 6 月經人體試驗證實肝癌新藥 PI-88 復發率降至 34%。
- 11 月基亞與中研院共同研發肝癌用藥。

2009
- 11 月基亞取得澳洲 Progen 公司支付的權利金新台幣 5370 萬元。

2010
- 4 月基亞與澳洲 Progen 公司簽訂 PI-88 新藥全球合作開發意向書。
- 6 月取得 PI-88 肝癌新藥完整權利將進行全球臨床三期試驗。
- 8 月基亞生技向美國 FDA 正式申請 PI-88 抗肝癌第三期全球臨床試驗。

2011
- 4 月 PI-88 抗肝癌藥物獲衛生署核准進行第三期人體臨床試驗。
- 6 月生技肝癌新藥 PI-88 獲經濟部審定適用「生技新藥產業發展條例」。
- 6 月 PI-88 肝癌新藥獲得歐盟（EMA）孤兒藥資格認定。
- 9 月 PI-88 肝癌新藥第三期臨床試驗正式收案。
- 10 月基亞 PI-88 肝癌新藥獲韓國 FDA 核准進行第三期臨床試驗。
- 12 月基亞 PI-88 肝癌第三期臨床試驗獲經濟部補助 1 億元。

2012
- 1 月基亞 PI-88 肝癌新藥獲中國 FDA 核准，直接進行第三期臨床試驗。
- 4 月 PI-88 獲美國 FDA 孤兒藥資格認定 。
- 9 月 PI-88 經 TFDA 核可，符合「兩岸藥品研發合作專案試辦計畫」。

花了近一年的評估，基亞選定了核酸檢驗，這項高門檻的檢驗技術，在往後遙遠的研發路上，扮演了極重要的角色。

醫生 CEO 、IT 經理人

在生技界眾多醫學與生物學博士的頭銜中，基亞總經理鄭毓仁的資歷顯得特別與眾不同。在正式進入基亞之前，他在 IT 產業打滾了 20 多年，親身參與台灣科技產業帶來的經濟起飛。

1991 年，時任宏碁英國子公司總經理的鄭毓仁，和前去倫敦攻讀醫學博士的張世忠在偶然的機會下認識，兩人相識後保持著英雄相惜的情份。8 年後，當年 45 歲的鄭毓仁提前退休，移居國外悠閒度日，張世忠則選擇回台創業；在基亞最動盪的 2005 年，

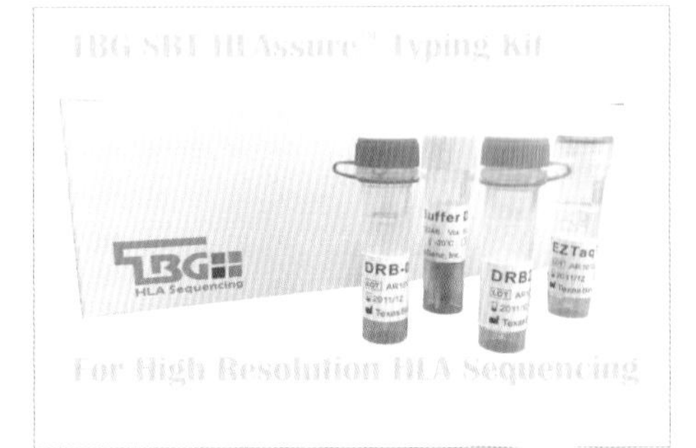

基亞藉著併購美國 Texas BioGene Inc 公司，建立核酸檢驗技術平台，將市場瞄準中國大陸。（圖片提供：基亞生技）

生醫小辭典

核酸擴增檢驗

Nucleic acid amplification technology，簡稱 NAT，是一種靈敏度高、專一性高，直接針對血液中病毒的 DNA、RNA 放大並偵測的方法，可以在人體尚未產生抗原和抗體前，就先偵測病毒核酸，可縮短檢驗的空窗期。

台灣自 103 年 2 月 1 日起，全面實施輸血的核酸擴增檢驗（NAT），可縮短愛滋病及 B 肝、C 肝的檢驗空窗期，如愛滋病毒從 22 天縮短為 11 天，B 型肝炎從 56 天縮短為 36 天，C 型肝炎則從 82 天縮短為 23 天。

面臨人才流失的重大考驗時，覺得悠閒生活過於無趣的鄭毓仁，在張世忠的遊說下，加入基亞的行列。

鄭毓仁 20 多年 IT 產業的經驗，看似和生技產業格格不入，卻提供基亞新的思考模式。

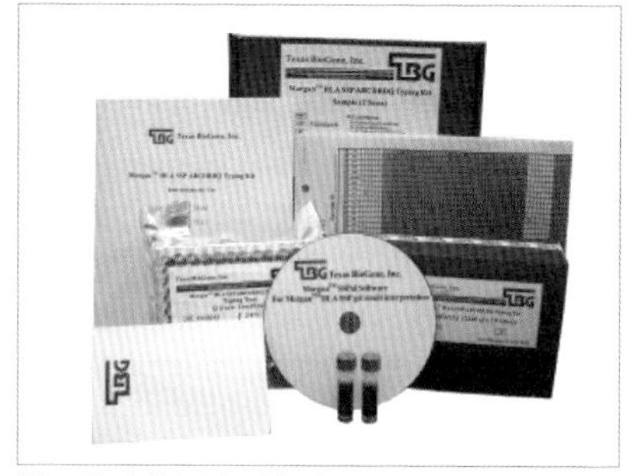
提取核酸的測序試劑盒。（圖片提供：基亞生技）

以併購取得核酸檢驗技術

「電子產品的 life cycle 都很短，需要不斷推陳出新，這和生技產業剛好相反。不過生技公司在新藥開發之外，還是需要有一些 turn over 的產品，來維持穩定的營收。」鄭毓仁的加入，激發基亞在 PI-88 外，另尋第二個技術產品的想法。於是，基亞在 2006 年併購美國 Texas BioGene Inc 公司，建立核酸檢驗技術平台，打開另一扇通往世界的

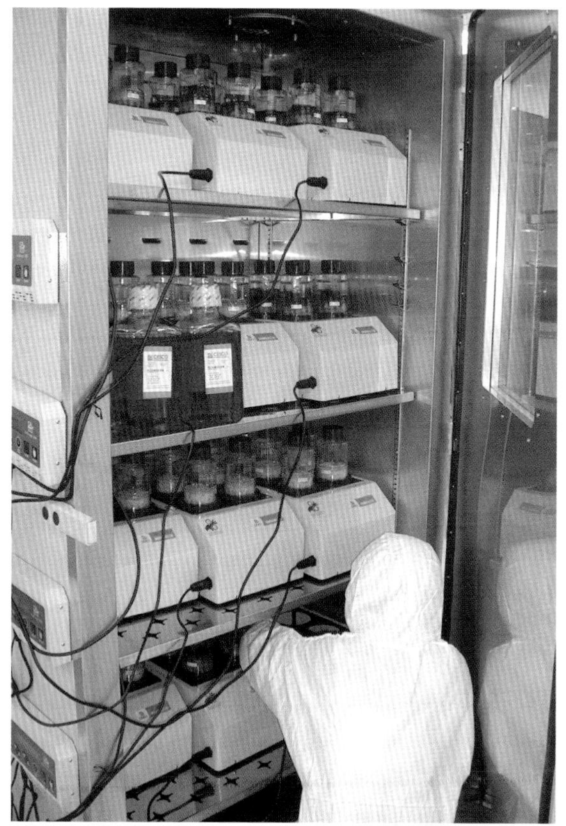
核酸技術能極早偵測到病毒，大幅降低空窗期的感染風險。（圖片提供：基亞生技）

窗。核酸技術的血液檢驗，能在很早期就偵測到病毒的DNA或RNA，因而大幅降低空窗期的感染風險，這比血清檢驗準確好幾倍。由於人類對血液安全性的要求愈來愈高，使得核酸技術每年都以百分之十幾的數字在成長，尤其中國市場的年成長率更超過20％。所以，基亞在取得美國公司核酸檢驗試劑的關鍵技術後，直接將市場瞄準了中國大陸。

然而，以大中國為目標除了考量到龐大市場外，其實也掌握著天時地利的好機會。

併購浩源取得中國市佔率

2008年的北京奧運，是中國行銷全球、露臉的好機會，從政府到民間沸騰得像一鍋熱水。不過他們也考慮到，如果在奧運期間有運動員跌斷腿或車禍受傷，需要輸血、動手術，若因為輸了不乾淨的血液而得到肝炎或愛滋，這恐怕會上國際媒體的版面。中國自覺丟不起這個臉，於是，積極想發展核酸檢驗。

為了扶植國內產業，中國政府邀集大陸4家本土的檢驗公司，以補助的方式，委託研

全自動化檢驗設備，快速地輔助偵測血液中病毒狀況。（圖片提供：基亞生技）

2007 年，基亞生技獲得台灣生醫產業選秀金獎。（圖片提供：基亞生技）

發高階核酸血液檢驗的自動化試劑。基亞在得知後，透過香港控股公司主動出擊，併購這 4 家公司裡，唯一的未上市公司─上海浩源。

由於核酸檢驗技術門檻高，毛利率高達 60％。面對兩岸將近 90 億台幣的商機，基亞卻能輕而易舉地切入，除了因為它看準趨勢、勇於併購外，更因為它擅於整合，把美、中、台三方的最大優勢，發揮到最高境界。

同步開發全自動化檢驗設備

血液安全在 2010 年被中國列入十二五計畫後，已從 5 個血液中心試行核酸血液檢驗，未來將逐步擴大到整個中國 400 個血站。而在目前專項撥款的 60 家血站中，浩源的市佔率超過 20%，而且因為該公司產品篩出第一例愛滋病毒「空窗期」的捐血者，早於羅氏及諾華等國際大廠，確立了浩源在中國第一品牌的地位。

回想起當初浩源因為公司小，被其他上市公司瞧不起，說這裡做出的試劑是 garbage products（英文原意為不堪用的爛東西），張世忠不禁露出一抹勝利的微笑，「Apple（蘋果）當初也被說是從車庫做出來的，現在卻成功得不得了。所以我有一個自我期許，期待我們也能做出世界性的產品。」張世忠對基亞的期許，正一步步在實踐中。

現在的浩源除了持續開發試劑外，也同步開發配套的全自動化檢驗設備（ChiTaS BSS1200），不但可以自動完成血液檢體採樣、核酸提取及PCR反應，並內建條碼追蹤及結果分析軟體。這項檢驗設備在2011年8月獲得中國SFDA核發證書，已經在大陸各血站及國家級臨床檢驗中心使用。

成功整合美中台優勢

「我們的自動化機器，在台灣做好之後送到中國，這是全自動的，血液load進去，到最後就是報告出來。而且我們機器的通量，也就是檢驗速度，是羅氏的兩倍，不然我們怎麼跟人家比?!」

美國核酸檢測的關鍵技術、台灣自動設備設計的能量，以及中國大陸的龐大市場，這3種能量結合在一起，讓浩源多出一個軟硬體Know-how門檻都很高的新產品。

基亞透過子公司浩源生技，在大陸建立穩固的基礎後，正以自有品牌積極拓展歐美市場。就在基亞繼續開疆闢土的同時，國際大廠也紛紛叩門，尋求策略聯盟的合作。

2008年，基亞受到經濟部技術處評選優良獎，獲馬總統接見表揚。（圖片提供：基亞生技）

策略聯盟、進軍國際

2012 年，成功經營不到 5 年的浩源，被基亞以原始成本的 19.7 倍，將股權賣給全球分子檢測龍頭廠商 PKI（PerkineElmer，珀金埃爾默公司）。這個消息讓 PKI 股價翻了近兩倍，基亞股價也衝到上櫃後的新高紀錄。

因為與世界大廠的策略聯盟，基亞磨出了進軍國際競技廠的實力。2013 年，基亞將斥資 8 億興建 1,600 坪的疫苗廠區，期待在 PI-88 與核酸檢驗之後，還有第三個金牌產品。

生技最前線

基亞生技疫苗開發

除新藥開發和核酸檢驗業務外，基亞自 2009 年開始投入新型流感疫苗研發，著力於細胞培養疫苗的量產技術，目前已初步建立高密度細胞培養系統及製程技術平台，可量產人用疫苗病毒抗原。

2010 年 8 月基亞取得國衛院流感疫苗細胞株的授權後，使得智慧財產權的保障更為完備。目前基亞以國內及亞洲迫切需要的預防性與治療性疫苗開發為重點，初期產品開發對象為新型流感 (H1N1/ H5N1) 及腸病毒疾病。

目前，基亞除完成 H1N1 流感疫苗製造及臨床前試驗外，在 H5N1 的疫苗開發也已看到成果，H5N1 疫苗試量產已完成，並於 2012 年 7 月進入第一期人體試驗。

在腸病毒方面，基亞的細胞培養系統已經證實可以有效量產 EV71 腸病毒以製造疫苗。未來基亞公司將利用特殊之細胞培養技術以開發其他疫苗，包括登革熱疫苗及治療性疫苗。

基亞的疫苗開發，主要是著重在細胞培養量產技術的開發，利用密閉潮汐式高密度細胞培養系統，成功驗證在 H1N1/H5N1 流感疫苗的產製能力可達蛋胚生產的 10 倍以上，品質與穩定度更優於蛋胚製造的病毒液。

中裕新藥 擁有對抗愛滋的終極武器

彷彿憑空降臨般，愛滋病在人類絲毫沒有防備、完全無知的情況下，以極快的速度爆發在地球的每一處、幾乎蹂躪了世上每一個國家。

短短 30 年的時間裡，愛滋已造成全球超過 3,500 萬人死亡，每天新增 7,000 多名病例，尋找愛滋解藥成為科學家們如何大一等人的職志，研發愛滋新藥 TMB-355 的中裕新藥，同樣熱切希望能為這個世紀之病找到對抗武器！

愛滋病患飽受歧視

才剛看完101跨年煙火沒多久，收容愛滋感染者的「關愛之家」陷入一片愁雲慘霧中。因為在台北市信義區的成人部住處，房東決定要把房子賣了，所以他們得在3天內找到新家。

這簡直是個不可能的任務。因為要在3天之內找到可以安置36張病床，同時還有能設置護理站、社工諮商室的地方，算一算，要符合這樣的需求，坪數至少要在80-100坪之間，這麼大的地方，談何容易？更何況，他們是「愛滋感染者」的中途之家。

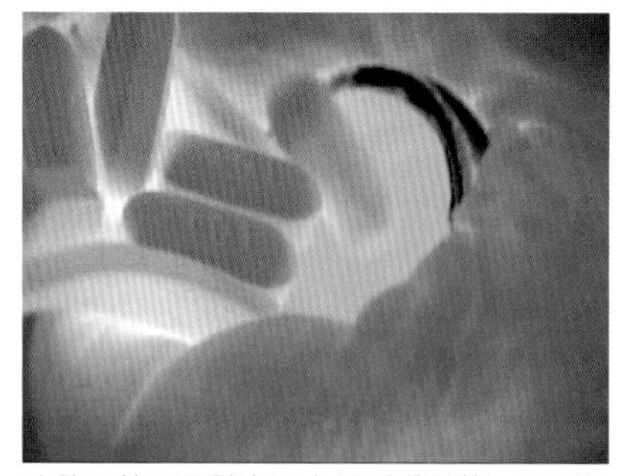

雖然目前已研發出二十多種愛滋藥，卻無法有效治療愛滋病。

是的，現代社會，對於愛滋患者仍不夠友善。

愛滋讓全球聞之色變

沒有人能明確斷定愛滋什麼時候發生，只能根據最新的

中裕新藥的成員為對抗愛滋病而努力。

科學證據，推斷是十九世紀末期，一名非洲人獵捕並宰殺了一頭黑猩猩來食用，而黑猩猩的血液，可能透過該名非洲人的傷口，進入了人體的血液循環，病毒於是從黑猩猩傳到人類。

接著，在1917年法國殖民政府為了遏止昏睡病，進行皮下注射計畫展開後，因為共用及重複使用針頭的關係，愛滋病毒開始蔓延開來，愛滋成為20世紀的黑死病，和結核、瘧疾並列為全球三大傳染疾病。

中國河南甚至有了愛滋村，當地村民因為想擺脫貧窮，紛紛加入賣血行列，結果因為抽血器具不乾淨，導致村民大量罹患愛滋。台灣從1984年發現第一起愛滋病例後，截至2013年2月為止，全國愛滋感染人數已經達到24,896人。

愛滋病毒直搗免疫中心

「愛滋病毒每天都以驚人的速度成長，複製地非常非常快。一個病毒細胞，每天可以複製出一萬個！倍數成長的結果，就是越來越快，而且它攻擊的是免疫細胞，最後會摧毀整個免疫系統。」有「愛滋病救星」美譽的何大一博士，最清楚它的恐怖性。因為愛滋病毒總是低調偽裝，再伺機下手直搗免疫中心，無法可防、無法可治就是愛滋病毒最致命的手段。

人體的第一線防衛系統，包括皮膚、呼吸與消化黏膜；第二道防線是巨噬細胞，最後把關的就是淋巴球。而淋巴球裡的T細胞，正是愛滋病毒全面摧毀性的紅心目標！

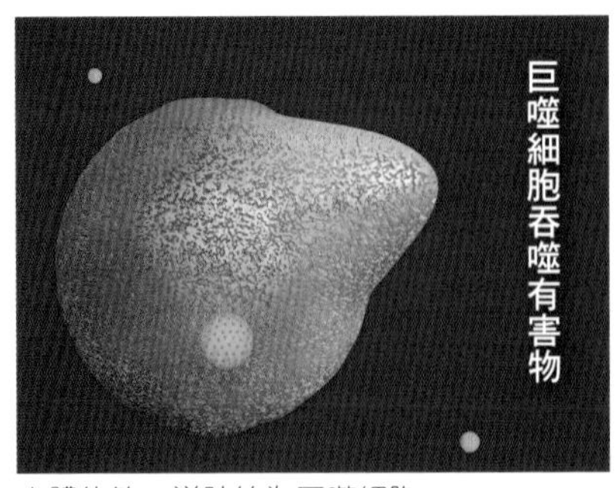

人體的第二道防線為巨噬細胞。

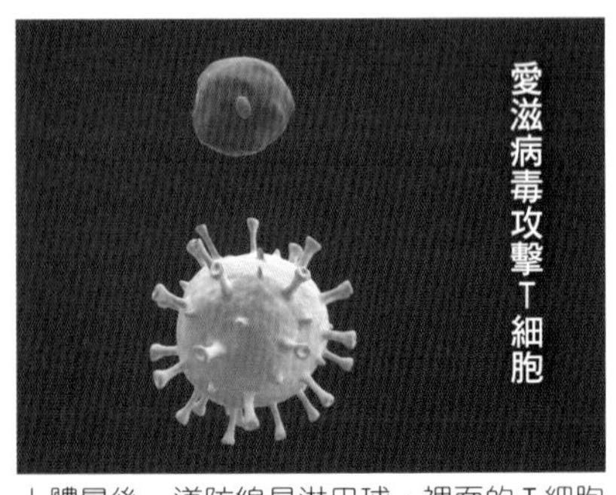

人體最後一道防線是淋巴球，裡面的T細胞正是愛滋病毒摧毀的紅心目標。

何大一發明雞尾酒療法

當免疫潰堤，許多潛伏性的疾病便開始攻城掠地。儘管目前已有 20 多種抗愛滋藥物，但仍無法摸清病毒善變的個性。因為它的抗藥性非常強，再好的愛滋藥，如果只服用單一一種，即使每天定期服用，頂多 8 到 10 個月，抗藥性就出來了。

何大一將 TMB-355 引介到台灣，希望造福愛滋病患，並帶動台灣新藥發展。

幸好，1996 年，何大一發明了雞尾酒療法，以不同的蛋白酶抑制劑，和其他的抗病毒藥合併，在病人感染病毒早期時使用，在當時就可以有效延長病友 10 年的壽命。

標靶新藥 TMB-355 登場

但是，何大一知道，光是延長還不夠。一定要想辦法，阻止病毒在體內的蔓延，減少體內的病毒數。在經過多年努力後，一種全新的抗愛滋標靶藥物－ TMB-355（Ibalizumab）問世了，並且在 5 年前，由何大一正式引介到台灣。

由美國 Genentech 公司技術授權、中裕新藥引介到台灣的 TMB-355，是一種「擬人

雞尾酒療法

現有的抗愛滋藥物包括蛋白酶抑制劑、核苷類逆轉錄酶抑制劑及非核苷類逆轉錄酶抑制劑，而雞尾酒療法是在這些藥物中，取其 2~4 種組合一起使用，醫學上正式的說法是「強效抗愛滋療法」（HAART, Highly Active Anti-Retroviral Therapy），但因為過程類似雞尾酒的調製，所以又稱雞尾酒療法。從 1996 年使用以來，已有效降低愛滋病人死亡率，目前被公認是控制愛滋病最有效的方法。

化單株抗體」，屬於進入抑制劑類型的藥物。

「它在身體裡面有特定性，它不是到處殺菌或什麼細胞都可以結合，一定要在某種特定的細胞上，比如特定的受體，才會去結合。所以它的目標就很特定，作用非常單一，相對地，副作用也非常少。」中裕新藥執行長張念原解釋TMB-355的優越特性，「藥劑本身其實是一個抗體，以T細胞表面的CD4作為抗原，當兩者結合後，便築起一道防線，阻止愛滋病毒穿透細胞。」而且，更重要的是，它獨特的抑制愛滋病毒機制，還不會干擾CD4的免疫功能！

全球唯一「抗」愛滋藥物

這種號稱對抗愛滋的終極武器，它是全球唯一「抗」愛滋的標靶藥物。目前市面上的

中裕新藥執行長張念原帶領中裕攀越台灣生技界頂峰。

生醫小辭典

CD4細胞

CD4細胞是人體免疫系統中一種重要的免疫細胞，CD4受體長在T細胞的表面，CD4 T細胞又稱為免疫系統的「助手」，能指揮身體對抗例如病毒等微生物。

由於HIV的攻擊目標正是人體的CD4細胞，因此CD4細胞數成為HIV病患免疫系統損害狀況最明確的指標。

正常成人的CD4細胞為每立方毫米500~1600個，愛滋病病毒感染者的CD4細胞可能會出現持續性或不規則性下降，這表示感染者的免疫系統受到了嚴重損害；當CD4細胞少於每立方毫米200個時，就極容易發生多種嚴重性感染或腫瘤。目前最新規定HIV感染者的CD4計數水準低於350個就應開始治療。

愛滋藥物大約有 20 多種，但都是小分子藥物，主要是進入人體細胞中，阻斷愛滋病毒在體內細胞作怪。只有 TMB-355 是在細胞門外，針對所有愛滋病毒株，阻擋它們進入細胞內搞破壞，而不會影到細胞的正常功能，所以副作用少，只在打針處有紅腫情況，不像其它的小分子藥物，會起引愛滋病患有嘔吐、噁心及肝中毒等副作用。

TMB-355 最早是由美國生技 Biogen 開發（原名 TNX-355），Genentech 在 2007 年買下、取得開發權。但由於 Genentech 本身並不研發愛滋病藥物，於是有意將它轉售。

經過審慎評估，並看好它的治療機制，以及其在安全性副作用上遠優於其它藥物等特性後，由何大一、中研院院士陳良博等人成立的新公司一宇昌生技（中裕新藥前身），便從各方著力，終於從 Genentech 取得 TMB-355 的授權，將這個新藥後續研發工作，整個帶回台灣，也讓「中裕新藥」成為全球最受矚目的小型生技公司之一！

中研院陳良博院士也是中裕新藥創立的推手之一。

中裕新藥為抗愛滋而生

「中裕新藥」，到底是什麼公司？簡單來說，就是為了爭取 TMB-355 來台、持續研發

生醫小辭典

愛滋藥物類型

目前有 20 多種抗愛滋藥物，依類型包括：核甘酸反轉錄酶抑制劑（NRTIs）、非核甘酸反轉錄酶抑制劑（NNRTIs）、嵌入酶抑制劑（IIs）、蛋白酶抑制劑（PIs），以及進入抑制劑（EIs）等等。這些不同類型的藥物，各自透過不同的方式，來攻擊愛滋病毒。

股價的高低，反應了股東們對公司認同度的表現。（圖片提供：中裕新藥）

抗 AIDS 的新興生技公司。

2007 年 9 月，宇昌生技在取得 TMB-355 的全球獨家授權後，開始尋求更多資金挹注；2008 年 5 月，在潤泰集團投資 1,000 萬美金後，資本額終於符合 Genentech 授權上要求的最低資本額的規定，TMB-355 離正式上市的夢想更進一步。

2009 年，「宇昌生技」正式更名為「中裕新藥」，同時獲得 Bill & Melinda Gates 基金會 300 萬美元的補助；2010 年再增資 2,200 萬美金，6 月底上興櫃交易。

未來的強勁愛滋概念股

或許因為「生技」是目前最火紅的醫療利多題材，也或許愛滋確實影響太深遠，中裕從上興櫃以來，股價一路狂飆，

中裕上櫃以來，股價一路狂飆，近 2 年上漲了 132.36%。

中裕新藥的成立與籌資

2007 年 1 月，國科會的新竹生物醫學園區指導委員會在美國舊金山開會，並參觀 Genentech 的蛋白質藥工廠，與會人士達成了由國家發展基金來投資生技新藥產業的共識。

2007 年 2 月，陳良博、楊育民及何大一開始討論成立一新的公司及如何讓新公司擁有足夠的資本額、經營團隊及信用，以便能從 Genentech 爭取到 TMB-355（當時叫 TNX-355）的授權。

此時，行政院院長蘇貞昌核准讓國發基金參與投資。中裕新藥（原名宇昌生技）的幾位創辦人分工合作，陳良博及張鴻仁負責民間籌資；楊育民及何大一則致力於從 Genentech 取得 TMB-355 的授權。

但此時籌資並不順利，陳良博等人於是想到聘請當時已從行政院副院長一職退下來的蔡英文擔任董事長，希望藉由她的社會聲望來協助募集資金及整合投資人。蔡英文上任後，當年夏天募得足夠資本與 Genentech 正式洽談授權細節。

2007 年 9 月 4 日，宇昌生技正式登記成立，並於一星期後從 Genentech 取得 TMB-355 單株抗體的全球獨家授權，開始了新藥開發工作。在 2007 年年底之前，宇昌生技已募資 2,000 萬美元，其中國發基金佔 40%，台懋佔 400 萬美元，其餘資金來自於永豐餘及統一企業。

2008 年 5 月，在潤泰投資 1,000 萬美元後，宇昌生技的資本額達到符合和 Genentech 授權協議書上的最低資本額的 3,000 萬美元。

2009 年 3 月，宇昌生技改名為中裕新藥，並於次年（2010）再增資 2,200 萬美元，此次增資，國發基金再次投資約 430 萬美元。

兩次募資後，中裕的現金資本額增加到 5,200 萬美元，另加上技術發行股票約 860 萬美元（Genentech 佔 500 萬美元），其中國發基金共投資 1,230 萬美元。

中裕擁有精良的實驗設備、專業的研究人員，研發抗愛滋病毒的終極武器。

最近 2 年上漲了 132.36%，2013 年才開春就又上漲了 63.21%！

一般預測，等 2016 年正式上市後，勢必成為最強勁的生技、愛滋概念股。外界如此看好的原因，跟中裕新藥在 2011 及 2012 年完成的臨床試驗有關。

2011 年，中裕新藥已完成 TMB-355 第二期第二部分的臨床測試，「我們二期臨床試驗有 113 個病人，但這些病人本身都已經多重藥無效了。但在 24 個星期後，用驗血檢測，大概一半的人已經檢測不到病毒存在。意思是，1cc 的血找不到 50 個病毒。」這樣的成果，讓中裕新藥的研發長王乾基興奮不已。

改良劑型的藥效更強

此外，除了原本的 TMB-355 靜脈注射劑型，中裕還同時開始 TMB-355 皮下注射劑型的開發，並且陸續完成了皮下注射劑型的配製、GMP 生產及 GLP 毒理測試，也通過了美國 FDA IND 的審查，2012 年開始了皮下注射的臨床研發。但是好還要更好，除了原本的靜脈注射及皮下注射劑型外，中裕新藥又將原本效果已經夠好的 TMB-355 做改良新劑型「2nd generation TMB-355」。

2nd generation TMB-355是由何大一率領的技術團隊，在洛克斐勒大學針對TMB-355進行改良，不但保有原先TMB-355的特性，能夠阻斷愛滋病毒侵入人體T細胞的作用，對於游離在血液中的愛滋病病毒更具抓力，能更徹底且有效地避免與遏阻病毒入侵人體T細胞。初期的實驗結果證實，它的藥效大約是TMB-355的200倍！而且它停留在人體血液裡的時間更長，對於治療及預防AIDS，具有革命性的指標意義。

除了治療，更期望預防

「因為我們是蛋白質藥，所以它的擴散速度很慢，在皮下注射後，也不容易直接就跑進血管裡。它需要經過淋巴液的循環，慢慢再進到血液裡，所以它在皮下會儲存很長一段時間，藥在身體裡可以保存很久。」中裕新藥執行長張念原驕傲但平靜地說著TMB-355系列之所以能在這麼短的時間裡，完成各項臨床試驗的主因，沒有別的，就是「真的有效」。

新藥的潛力，也讓Bill & Melinda Gates基金會及美國衛生研究院，先後補助了台幣數億元的研發經費。

「TMB-355將是第一個可以有效控制治療愛滋病的蛋白質藥，特別的是那些長期服用，而且已經出現抗藥性的病人，他們是需要新藥的，這也是TMB-355可以著力的。我們相信這是TMB-355最基本的市場及功能。而在未來，我們將使用於預防上。」何大一表示，因為

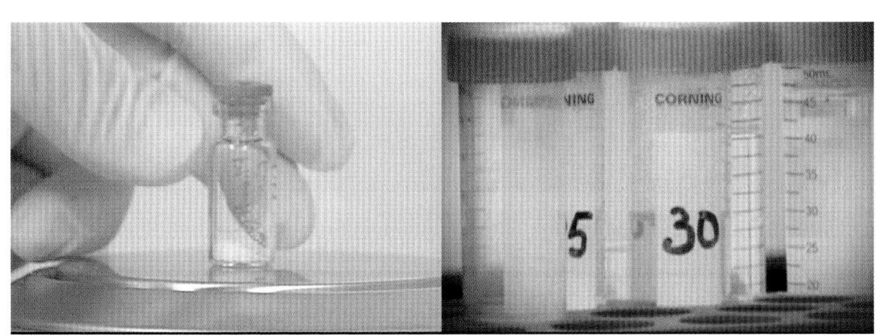

中裕TMB-355皮下注射劑型的配製、GMP生產及GLP毒理測試，已通過美國FDA的審查，2012年進入臨床三期試驗。

新藥能阻斷病毒繁衍的途徑，所以有預防的潛質，未來高危險群每6個月或每1年打1針，就能有類似疫苗的效果！

新藥預計2016年上市

除了TMB-355系列抗愛滋藥物外，中裕新藥目前也同時著手數種新藥開發，包括獲得中央研究院基因體研究中心授權、應用於流行性感冒治療的神經胺酸酶抑制劑，「TMB-571（零流感）」的研發，這種藥物的分子結構，與羅氏藥廠的「克流感」相當接近，能有效抑制H1N1及H5N1流感病毒。一般預料，這將會是繼TMB-355後，另一個帶動中裕新藥股價的利多因素！

2013年2月一個讓人震奮的好消息，讓中裕新藥的股

生醫小辭典

TMB-571

TMB-571（零流感）是應用於流行性感冒治療的神經胺酸酶抑制劑，此藥物來自中央研究院基因體研究中心的授權。它是一種環已烯磷酸鹽的化合物，分子結構與羅氏藥廠的「克流感」（Oseltamivir/Tamiflu）近似。TMB-571將克流感化學結構內的羧酸基團（carboxyl）以磷酸基團（phosphonate）取代，在體外實驗中，能有效抑制H1N1及H5N1流感病毒。

其中，TMB-571的胍類衍生物（guanidine analog）能有效抑制具有克流感抗藥性的H5N1突變種（H274Y mutant），藉以阻止病毒感染。由美國國家衛生研究院（NIH）補助執行的抗流感病毒實驗中，TMB-571的磷酸單酯胍類衍生物（phosphonate monoester guanidine analog）表現傑出，除了能同時抑制不同種的野生流感病毒之外，對於具有克流感抗藥性的流感病毒也一樣有效。

中裕新藥正進行TMB-571合成製程開發、相關的藥物動力學與毒物實驗，為將來進入美國FDA新藥臨床試驗申請（INDFiling）程序進行籌備。

票衝破 70 元，21 日更來到 76 元，漲幅超過 5%。這個好消息就是：TMB-355 皮下注射劑型，已經獲得行政院衛生署核准，進入第一 / 二期人體臨床試驗！

這次的臨床試驗地點選定為高雄的義大醫院、高雄榮總及三軍總醫院，還有台北市立聯合醫院的昆明院區一起執行，包括預防及治療受試者人數共為 28 人。預計最快 2014 年就可以進入臨床第三期，2016 年就可以上市銷售搶攻全球大約 120 億美元，折合台幣大約有 3,600 億元的龐大商機，並且將與中國藥廠合作，同步進軍中國市場。

帶領台灣發動愛滋革命

當然，追求卓越、追求成功，是任何一個企業都必須要有的目標與企圖；但股價的高低，只是反應了企業營運的好壞，而企業經營的理念與目標，才是能否真正永續經營的關鍵。

何大一為什麼將 TMB-355 帶回來台灣？中裕新藥期許的，不只是股價、不只是銷售後帶來的巨大利潤，而是要讓這個兼俱預防和治療的新藥，為人類與愛滋的抗戰史帶來革命，他們要讓率先發難的戰場，不是在別的地方，而是在我們熱愛的這塊土地—台灣。

不只對抗愛滋病毒，中裕更期望研發出具預防效果的藥物。

浩鼎生技 啟動癌症治療密碼

長久以來，癌症藥物的研發一直都是由西方界所主導。不過，面對這個全球 600 多億美元的大市場，台灣也準備開始加入戰局。

由中研院院長翁啟惠研發出的生化技術，技給浩鼎生技公司後，已展開乳癌疫苗第三期的人臨床試驗。

由於這個抗癌藥物鎖定末期病患，而且未來可以應用於其他 8 種癌症，所以具有極強的競爭力很有機會成功上市，到時，浩鼎將成為台灣第一成功開發癌症新藥的本土公司。

台灣乳癌患者趨年輕化

台灣的乳癌患者，大部分都沒有家族史，是台灣女性最常見的癌症，每位婦女一生約有 3% 的機會得到乳癌，根據行政院衛生署統計，乳癌的發生率與死亡率逐年增加。

台灣的乳癌患者以更年期前婦女為主，超過 1/3 是年齡介於 45 到 55 歲的女性，相較於歐美國家好發於停經後婦女，國內患者平均年齡年輕了20歲；另外，值得注意的是，乳癌有年輕化趨勢。

30 出頭的小華，意外發現自己得了乳癌，而且發現時，已經第四期了。仰仗著自己年輕有體力，她選擇了最激烈的應戰策略—化療與放療雙管齊下。「醫生怕我副作用太大，也擔心我的體力。但是我跟他說沒關係，我會撐過去……。」在小華的堅持下，一連串的治療行動立即展開，但也立即帶來巨大且明顯的副作用。

乳癌治療考驗體力毅力

化療的副作用，大家都耳熟能詳，噁心、嘔吐、掉頭髮，手腳發紅會痛、會脫皮。而放療的傷害又更大一些，可能會造成類似燒燙傷的傷害，所以小華選擇了化療來對抗癌症。

經過 8 回合的化療，假髮保留了愛美的權利；舒適的服裝不但蔽體，也遮住了對皮膚的傷害。但是，如果小華能夠再早一點點發現，那麼這場抗癌之路，或許會走得輕鬆許多。因為，現在由中研院院長翁啟惠率領的「基因體中心研究團隊」，已發展出高靈敏度、可偵測出 9 大癌症的「醣晶片」，能提前發現病變的可能給予治療。

這種醣晶片，只要一滴血，幾分鐘內就可以驗出，是否罹患了癌症，而且準確度幾乎百分之百！

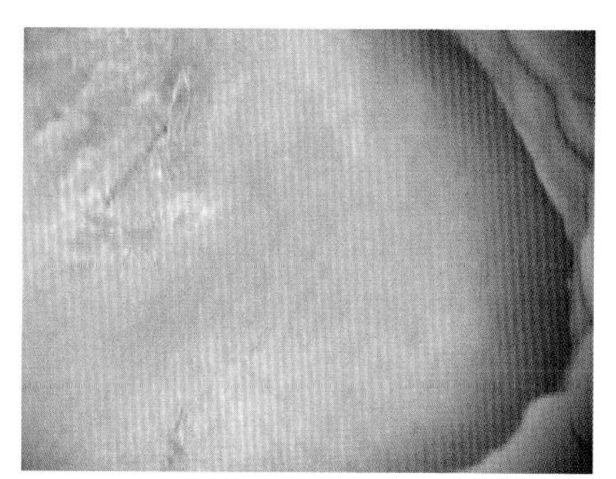

利用高能量治療的放射線療法，很可能造成類似燒燙傷的傷害。

醣晶片讓癌細胞無所遁形

人體 90% 以上的細胞表面都依附著醣分子，這些醣分子負責訊息的傳遞，當細胞病變時，醣分子也會跟著異常。畢生投入這項複雜領域的翁啟惠，千禧年時將這項研究成果引回國內，「細胞假如有任何改變的話，醣分子就會變化，就會產生出癌細胞。但這時，還沒有變成腫瘤，只是開始有這個不好的過程產生，所以免疫系統就會產生抗體，來對付不正常的醣分子。這個抗體，會存在血液裡，所以醣晶片就可以去檢測這些抗體的存在。」

小華如果在初期，或者更早一點，在腫瘤還沒形成前，就因為利用醣晶片測檢出患有乳癌的話，也許只要簡單的手術就可以讓她恢復健康。又或者，小華再晚個兩、三年才罹癌的話，那麼屆時，利由醣分子所提煉出來的第一類乳癌新藥－OBI-822/821(原名 OPT-822/821)，已經量產上市，她也許根本不用經歷這麼痛苦的療程！

目前人類還沒有辦法攻克癌症，儘管癌症已經不是絕症，甚至少部份癌症只要及早發現，幾乎可以根治。但是，全球每年罹癌人數仍舊不斷上升。根據世界衛生組織的統計，到了 2030 年，每年全球死於癌症的人口，將會達 1,300 萬人，而罹癌人口將上看 2,100 萬人。

乳癌最新剋星 OBI-822

肺癌在男性腫瘤患者中排名第一，而乳癌則是在女性腫瘤患者排名第一，估計全球每年至少有 50 萬名女性得到乳癌。

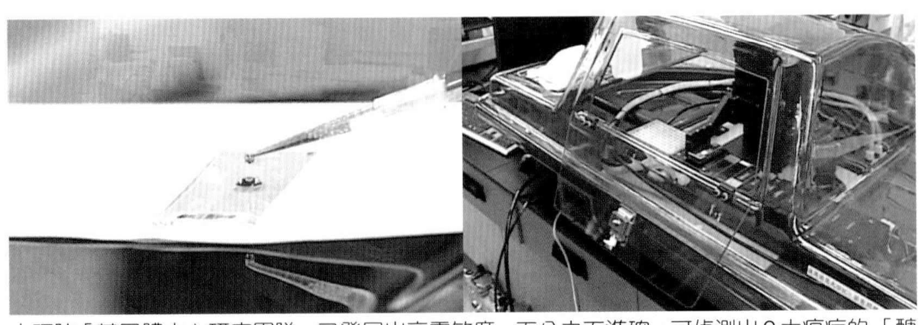

中研院「基因體中心研究團隊」已發展出高靈敏度、百分之百準確，可偵測出 9 大癌症的「醣晶片」。

正由於乳癌佔女性腫瘤排名第一，但它又是相對來講比較容易控制的癌症，因此國際各大藥廠紛紛投入治療藥物的研發，「OBI-822」正是其中之一。

OBI-822 是由台灣浩鼎生技從美國 Memorial Sloan Kettering 癌症中心（MSKCC）技轉而來，針對第三及第四期已經產生轉移的乳癌末期病患，提供「主動式免疫治療」的藥劑。

由於癌細胞表面會產生大量的醣分子結構 Globo H，只要透過翁院長任 Scripps 研究院時發

浩鼎全球臨床及法規總策畫許友恭博士，與年輕研究員並肩研究。（圖片提供：浩鼎生技）

生技 EZ Learn

免疫治療的原理與機轉

傳統治療癌症的方式為手術治療、化學治療及放射線治療，然而化學治療和放射線治療除了殺死癌細胞外，也可能傷害到正常細胞，因而引起嚴重的副作用。癌症疫苗的原理即是透過提升自身攻擊癌細胞的免疫能力來有效地對抗惡性腫瘤細胞，提升病人的存活率，也能降低治療所引起的副作用。主要方式有二種：

1. 主動式免疫（癌症治療性疫苗 /active immunotherapy）：施打治療性疫苗活化病人自體免疫系統，訓練免疫系統辨識腫瘤細胞並加以摧毀，OBI-822/821 目前為全球抗乳癌免疫療法領航者。
2. 被動式免疫（passive immunotherapy）：直接為免疫缺乏的病人注射治療用的抗體，以加強病人免疫系統，並摧毀腫瘤細胞。比如標靶治療中的單株抗體藥物（Herceptin）及小分子標靶藥物（Tykerb），即阻斷 HER-2/Erb2 受體。

明的 OPopSTM 多醣技術平臺，合成 Globo H 醣類化合物後，將它當作抗原，再結合蛋白質載體 KLH，就製成可以追蹤癌細胞的免疫治療藥物「OBI-822」。

OBI-822 適用多種癌症

接下來，只要再加上 OBI-821 輔佐劑，以皮下注射方式進入人體後，OBI-822 就可以刺激人體免疫系統產生抗體。這些特殊抗體發現癌細胞時，就會鎖定它，同時啟動身體的免疫細胞，不屈不撓地追殺、消滅乳癌細胞。

這是一種完全不同於現在化療與標靶治療的新療法，極有可能可以「根治」癌症！

更棒的是 OBI-822 不僅只能用在乳癌治療而已，畢生投入醣分子化學研究的翁啟惠說：「9 種癌症都有這個特殊的醣分

生醫小辭典

Globo H

在自然界中，絕大部份生物細胞的表面都有醣類存在，在癌症致病機制上扮演極為重要的角色。癌細胞表面常表現特定的醣類抗原（例如：Globo H），可作為癌症治療藥物的潛在標的，以刺激免疫反應，對抗惡性腫瘤。

1983 年，Globo H 由 Hakamori 教授自乳癌細胞中發現，此後，許多研究都支持 Globo H 在不同的癌症表面的高表現量，可作為一個極佳的癌症標靶標的。

Globo H 乳癌疫苗由美國 Memorial Sloan-Kettering Cancer Center（MSKCC）技轉至台灣浩鼎生技公司，MSKCC 執行臨床一期試驗。分別於前列腺癌及轉移性乳癌進行臨床一期試驗，結果顯示 OBI-822 相當安全，並可有效的引起免疫反應。

Globo H 為一複雜的六醣分子，過去並沒有有效的方法可以大量製造此類醣類多醣分子，透過中央研究院翁啟惠院長的 OPopSTM 醣類自動合成法即可大量製造 Globo H 分子，是醣類生產瓶頸在這幾年來的重大突破。

浩鼎生技創辦人張念慈是美國科技名人。

子，正常的細胞不會有；所以我們這個藥物、這個疫苗不會去攻擊正常的細胞，所以就不會有所謂的副作用，它只針對癌細胞產生作用。」因此，除了乳癌外，包括了肺癌、胃癌、腦癌、大腸癌、卵巢癌、胰腺癌及攝護腺癌等，都可以利用 OBI-822 來進行治療。

搶攻每年 200 億美元商機

2012 年 8 月台灣浩鼎已經招募 342 名乳癌患者，進入 OBI-822 新藥臨床三期試驗，預計 2014 年第二季可以完成，接著再進行期中分析。一般預料在 2015 年可望拿到藥證正式上市，搶攻全球每年至少 200 億美元的商機，而台灣浩鼎也將成為本土第一個躍上國際新藥市場的台灣生技公司！

而這支新藥之所以能根留台灣、發光發熱在全球的最主要因素，要歸功於兩個人。其中一個是負責醣分子科學技術的翁啟惠，另一個是在華人生技圈鼎鼎有名的台灣浩鼎生技公司董事長張念慈。

新藥推手—翁啟惠、張念慈

翁啟惠是台大生化科學研究所碩士、美國麻省理工學院化學博士、哈佛大學博士後研究，專長橫跨化學與生物科學領域，在生物有機化學及醣分子科學，有 30 多年的獨到研究及經驗。他曾在德州農工大學擔任化學系教授，後來受聘於加州 Scripps 研究院講座教授，同時他也是美國化學界公認的酵素有機合成及醣類研究的權威。

早年翁啟惠開發的「酵素抑制劑」，1987 年技術移

浩鼎的經營研究團隊志在從台灣出發，發展行銷全球的新藥。（圖片提供：浩鼎生技）

轉給美國第一大農業生技公司 Monsanto，另外開發的「醣類合成技術」，也在 1994 年技轉給費城的 Neose 醣類製造公司。1998 年，翁啟惠將參與創辦的 Combichem 公司，以「高速化學平臺」賣給杜邦製藥，售價高達 2 億美元。

至於擁有布蘭代斯大學有機化學博士、美國麻省理工學院（MIT）博士後研究的張念慈，在 MIT 唸書時就認識翁啟惠了。後來翁啟惠往學術界發展，張念慈則在國際大藥廠任職，進入藥品研發與市場營運的領域。1995 年張念慈自行創業，成立了中草藥與保健食品公司 Pharmanex，並且在 1998 年時，以 1 億 3,500 萬美元，賣給美商如新－Nu Skin 集團。

想為台灣打通國際舞台

1998 年，為了理想、也為了無法忘情的研究，這兩人在聖地牙哥，一起創立了 Optimer 醫藥公司，並且在 2007 年 2 月 9 日獲准在美國那史達克掛牌上市。當時是以每股 7 美元上市，首次公開發行 700 萬股，掛牌當天收盤價達到 8.5 美元！

雖然 Optimer 順利在美國成立，生意也做得有聲有色，但張念慈和翁啟惠一直想把新藥技術帶回台灣，為台灣的生技製藥產業，打開一扇通往國際舞台的窗。於是，2002 年他們決定要在台灣募資，成立 Optimer 台北子公司。

集資時人人搶當股東

其實早在 1993 年時，翁、張兩人就已經有過一次合開公司的經驗。只不過當時各方條件都未臻成熟，資金募集很不順利，短短 6 個月後，就鳴金收攤，兩人各自回到熟悉的業界努力。

這一次兩人的再度合體就集結了天時地利人和，不但在

生技最前線

浩鼎新商機—鼎腹欣 DIFICID®

浩鼎代理的鼎腹欣 DIFICID®（Fidaxomicin），是美國食品藥物管理局（FDA）於 2011 年所核准全球第一個對付困難梭菌相關腹瀉（亦稱為困難梭菌腸炎或偽膜性腸炎）的新型抗生素；2011 年 12 月與 2012 年 7 月先後取得歐盟與加拿大的上市許可，2012 年 9 月台灣食品藥物管理局（TFDA）也核准在台上市，是目前市面上治療困難梭菌腸炎唯一有效藥物。

DIFICID® 為美國 Optimer Pharmaceuticals, Inc. 所研發製造的抗生素，此藥在 FDA 審核時，以 13:0 全數無異議核准其上市，顯見效果深受肯定；歷經多年的研發改良，在美、加等 200 多家醫院及歐盟德、英、義、比、瑞典、西班牙等多國進行的第三期人體臨床試驗均顯示，它的有效率高達 90%，是目前唯一勝過「銀色子彈」萬古黴素（Vancomycin）的抗生素，且無明顯副作用，治療個案復發率也不到萬古黴素一半。

DIFICID® 和萬古黴素最大的不同是，它是窄效性抗生素，只鎖定標的物射殺，就像癌症標靶藥物一樣，不會濫殺無辜，腸道菌相不會被破壞，腸道功能可以在很快時間恢復。

美國風光上市，2002 年 4 月為了成立台北子公司而來台募資 2,000 萬美元時，居然造成大轟動，大家搶著當股東！最後，敲定由中華開發、台灣工銀、誠信開發、和通創投及國泰人壽、玉山銀行與東聯化學等，一起當股東。1 個月後，Optimer 在台北設立分公司，取名為「台灣浩鼎生技」。

浩鼎未上市先轟動

2012 年 12 月 12 日，台灣浩鼎登錄興櫃。或許是癌症新藥的題材正火熱，或許是 OBI-822 追殺癌細胞的威力夠強大，又或許是看準了浩鼎未來在國際登頂的實力，總之興櫃參考價雖然只有 45 元，但是未上市交易價格早已奔向 90 大關，在張念慈參加的閉門法說會時，還吸引了近百家法人參與。

12 日當天交易時間截止時，浩鼎股價不但飆上了 122 元，連帶地刺激興櫃生技股熱絡行情，整體交易金額高達 27.79 億台幣，創下了 2007 年 8 月 1 日以來的單日新高紀錄！

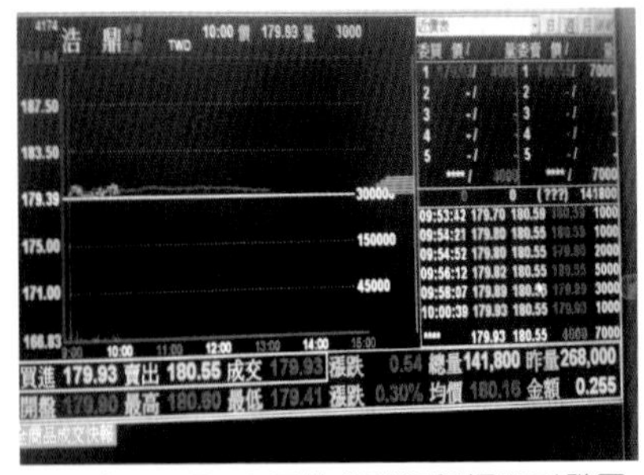

2012 年 12 月 12 日浩鼎登錄興櫃即引發國人關注。

「我覺得最難的是找題目，但只要選對題目，它的市場可能是幾十億美金，這樣的話，兩、三個藥，就是兆元產業了。」多年來在世界頂級藥廠的經驗，讓張念慈在「找題目」上面特別有把握。「以癌症這個題目來說，OBI-822 它是個全新的題材。只要題材對，賺進幾十億美金並不難，而且這個利潤非常高，都是 90% 以上。」這並不是張念慈老王賣瓜。

張念慈堅持根留台灣

但古有明訓，便宜不過當家。見兔放鷹的事，總有人會做。成熟又豐美多汁的果實，總是讓人急著想全部搶到手。由於看好 OBI-822 及 OBI-821 一旦研發成功後，每年有至少200億美元的商機，美國Optimer公司居然要求張念慈將OBI-822/821的所有權交回美國！

可是張念慈怎麼可能妥協？他堅持要根留台灣，成為第一個「台灣研發、台灣生產」的本土新藥，於是雙方理念不合，爆發了經營權之爭！

美國Optimer使出了殺手鐗—召開董事會，以張念慈拿了浩鼎的技術股等莫須有的罪名，除去了他在兩地董事長的職務，企圖將OBI-822/821所有權轉回美國。

與美方爆發經營權之爭

幸好，就在煮熟的鴨子差點被挾回美國時，張念慈、翁啟惠的好友—潤泰集團總裁尹衍樑，立刻出手，主導全面大反攻的作戰策略。首先，他趁美方董事會成員要飛來台灣、爭奪新董事長職務之前，先聯絡台灣其他持股股東，講好大家一起團結力抗外敵，選出曾達夢，接替張念慈。

接著，潤泰集團展開收購Optimer持有浩鼎的43%股份的計畫。浩鼎利用Optimer在

浩鼎想用新藥上市來證明台灣的實力。（圖片提供：浩鼎生技）

美國銷售、獲利未如預期、現金短缺時，趁機宣稱，公司要公開發行，需要50億台幣的資金，而且OBI-822進入第三期試驗，也要大批銀彈奧援等等消息，讓美方以為浩鼎只是個燙手山芋，勉強吞下只會灼傷自己。於是，Optimer決定賣股。結果，潤泰就以一股一美元，相當便宜的價格，收購了Optimer在浩鼎的所有股份。

新藥上市證明台灣實力

就這樣，一場驚淘駭浪的易主之爭落幕，浩鼎英文名稱變更為OBI Pharma Inc.，重回台灣人的懷抱。張念慈想打造「台灣牌」新藥的心願還是可以實現。現在不但OBI-822、OBI-821分別在台、美進行人體臨床三期及二期試驗，同屬於多醣癌症疫苗且從中研院技轉的OBI-833，現在也在進行臨床前試驗。進入一期人體臨床，再加上新一代藥物報到，浩鼎想要做到兆元產業，真的不是空想。

不過，不管是浩鼎也好，還是其它陸續開發新藥的台灣生技藥廠，追求產值並不是他們最終的目標與唯一的理想。其實現今放眼全球，有能力開發新藥的國家，屈指算來不到10個，亞洲地區更只有日本與韓國。

而台灣牌的誕生，不是要炫耀我們有多聰明，我們多有經濟實力，而是像全球愛滋病權威何大一所說的，這是要證明我們能貢獻什麼。「能依照我自己的興趣挑戰科學，又能對人類社會有所貢獻，對我來說，這是一個殊榮及恩典。我最珍視的，不是自己得了什麼了不起的獎，而是病人趨前來跟我道謝，說：『謝謝你讓我有機會活下來』。」

謀取人類更多福祉與希望

的確，能為全體人類謀取更多的福祉，哪怕只是爭取延長幾年的壽命，都是上天給予的恩典。不夠格的人，他承受不起這樣的責任。

台灣新藥，要創的不是奇蹟，不只是為台灣開啟新的里程碑，而是為全人類，帶來更多對生命的希望。

Profile

浩鼎醣分子新藥研發進程

2007 ‧台灣浩鼎與中央研究院合作醣分子合成與醣晶片計畫。

2008 ‧台灣浩鼎 12 月獲台灣醫藥品查驗中心核准 OBI-822/821 成為新藥優先審查案例。

2009 ‧台灣浩鼎自母公司 Optimer Pharmaceuticals 獲得 OBI-822/821 全球授權合約。

2010 ‧台灣浩鼎於 7 月取得中央研究院新世代癌症治療性疫苗與醣晶片專屬授權。

‧台灣衛生署核准 OBI-822/821 進入人體臨床二 / 三期臨床試驗。

2011 ‧台灣浩鼎獲美國 FDA 及香港衛生署核准 OBI-822/821 進行臨床試驗。

2012 ‧6 月印度藥物管制局（DCGI）核准 OBI-822/821 臨床試驗許可。

‧8 月韓國食品藥品管理局（KFDA） 核准 OBI-822/821 臨床試驗許可。

‧8 月獲得台灣食物藥品管理局（TFDA） 核准治療轉移性末期乳癌疫苗 OBI-822/821 進入第三期臨床試驗。

‧10 月台灣浩鼎乳癌新藥 OBI-822/821，獲 TFDA 評選為首批兩岸藥研合作專案新藥。

2013 ‧1 月中央研究院開發新一代治療性癌症疫苗 Globo H-DT（OBI-833），研究成果刊登在「美國國家科學院期刊」。台灣浩鼎生技公司亦同步發布該項自中研院技移研究已進行臨床前開發試驗，可望 2014 年進入臨床一期人體試驗。

寶齡富錦
小資本開發新藥全球上市

低調耕耘十餘年的寶齡富錦，在近期傳出好消息，抗「高磷血症」新藥 Nephoxil® 在台美日都已完成三期臨床試驗，而且試驗效果出乎意料的好，即將成為台灣第一個化學新藥，更將成為美日歐腎病新藥。

寶齡富錦的成功，創造了把毒藥變特效藥的傳奇，最令人津津樂道的是一僅花費總研發經費 1/1 的投資額，就能帶領這項世界性新藥研發，未來除了自身產品銷售亞太地區的盈利外，並享有全球原料藥及產品分紅，獲利可觀。

投入新藥研發的成功秘訣究竟為何？寶齡富錦這場小蝦米與大鯨魚合作的不二法門又是什麼？

MIT 新藥研發成功

Nephoxil® 第三期臨床試驗試驗主持人會議。（圖片提供：寶齡富錦）

2012 年 11 月，興櫃上市公司－由國產實業轉投資的寶齡富錦生技公司公布其所開發的抗腎臟病新藥 Nephoxil® 已完成全球第三期臨床試驗，並於 12 月向衛生署食品藥物管理局（TFDA）申請上市，有機會成為台灣第一個化學新藥，相當具有指標性意義。

寶齡富錦並預定在 2013 年叩關美、日市場，法人預估，Nephoxil® 全球市場規模達 12 億美元（約新台幣 350 億元）以上，如果順利，寶齡富錦 Nephoxil® 每年單美國市場即可望收取超過新台幣 10 億元權利金。這項本土首宗化學新藥即將上市的新聞一發布，股價一飛衝天，從原本 20 元上下的股價翻騰晉升百元身價，躍為興櫃第三高價生技股，截至 2013 年 2 月初股價漲幅高達 297%。

如此耀眼的股市表現，其

Profile

Nephoxil

「寶齡富錦」腎病新藥 Nephoxil® 為治療末期腎病高磷血症（Hyperphosphatemia）的全球專利新藥，透過簡單的化學機轉，有效帶走腎臟病患食物中所釋放出來的磷，通過消化道伴隨糞便排出。

Nephoxil® 為國內首例化學小分子新藥，也是台灣第一個國際新藥成功推展全球開發上市的藥品，除造福國內外廣大的腎病患者，對於促進產業整體技術水準與經濟規模提升、帶動國內新藥開發產業契機更具莫大貢獻，也提供給台灣生技藥品研發產業一個成功參考模式。

陳桂恆教授認為 Nephoxil® 新藥開發可望成為台灣第一的研發新藥。

背後隱藏著 10 多年的辛苦研發軌跡，如今，終於嘗到成功果實，不僅帶給寶齡富錦未來莫大的商機，更為台灣生技製藥產業寫下躋身國際研發新藥舞台的歷史新頁。同時，也開創了台灣藥廠與美、日先進藥廠共同開發全球性新藥成功案例之先河。

生醫美容轉攻新藥研發

「寶齡富錦」成立於 1974 年，是國內老牌醫藥及美容生技公司。Nephoxil® 是寶齡富錦於 2001 年自美國密西根大學技轉而來，這新藥研發的重要靈魂人物之一陳桂恆教授表示，當時拿到這份研究企畫進行評估，發現 Nephoxil® 曾因原開發者或企業不懂技術開發及法規的重要性，在開發期間犯了嚴重的錯誤，包括法律、研發等技術性錯誤，而被很多人或企業所放棄，但危機也是轉機，對適當的人或企業來說，毒物也可以變成非常成功的藥物。

台灣藥廠「寶齡富錦」所引進的腎病末期治療初期技術，主要是降低腎臟病末期病人最具破壞性的元素—磷的血中濃度，是針對洗腎病患研發的抗「高磷血症」產品。其實，腎臟病是台灣、中國、日本及很多亞洲國家與世界發展中國家，甚至先進國家最重要的疾病之一，陳桂恆發現這研究新藥本身是具安全性的藥，而且具客觀與友善性，對於台灣也是很需要的疾病用藥，更重要的是

寶齡富錦前往國際腎臟醫學會參展。（圖片提供：寶齡富錦）

生醫小辭典

高磷血症

血漿磷酸鹽濃度 > 4.5mg/dl（1.46mmol/L）為高磷血症（Hyperphosphatemia），一般是因為腎臟對磷酸根的排泄機能降低，例如晚期腎功能不足的病人或是副甲狀腺機能衰退的病人。

大多數高磷血症病人並無症狀，但是過多的磷攝取可能會在腸胃道與鈣結合，而影響鈣質的攝取，但若鈣的攝取量充裕，則血磷高低並不會影響鈣的吸收。高磷血症最大的危害是影響與鈣有關的荷爾蒙調節，或是併發低血鈣（Hypocalcaemia）的現象；低血鈣易造成神經興奮增加、麻木感、痙攣、癲癇等現象。血磷過高亦會併有高鈣血症（Hypercalcaemia），導致軟組織（如心肌、橫紋肌、血管等）異常鈣化，以腎臟最易受害，造成腎功能的低落及病變。

這新藥研發可以做為台灣第一個研發新藥，這個「台灣第一」便成為很重要的研發目的。

當研發評估報告送到「寶齡富錦」手中，經過審慎評估，包括了預算、執行能力等等，江宗明總經理決定進行新藥開發。

台灣領軍技轉美日藥廠

為了專心研發新藥，「寶齡富錦」以持股 60% 大股東身分成立了子公司「寶瑞康」，由陳桂恆的子弟兵湯峻鈞擔任總經理，專責研發，二期臨床後成功技轉授權給美國 Keryx 公司及日本 Japan Tobacco/Torii 藥廠，並在美、日、台分別進行三期臨床。

經過十多年時間，Nephoxil® 在台灣成功完成三期多中心臨床，於 2012 年 12 月 27 日送件台灣食品藥物管理局（TFDA）新藥上市申請（NDA），並將向健保局提出 Nephoxil® 的健保藥價申請，若是順利申請成功，將有機會成為首波取得健保藥價的本土新藥，極具指標意義。

美日臨床結果令人振奮

日本也已經完成 Nephoxil® 三期臨床，並於 2013 年 1 月 7 日送件日本 FDA 新藥上市申請，日本的送件還包括慢性腎病病人的治療，預期將大幅增加全球病人數。

至於美國則於 2013 年 1 月 28 日宣布完成最後一個關鍵性（pivotal）的第三期臨床，試驗結果令人振奮，新藥除了符合降低血中磷的濃度與治療的安全與有效指標，更發現使用 Nephoxil®/Zerenex™ 可同時降低末期腎臟病最常用的紅細胞生成促進劑（Erythropoiesis-Stimulating Agent,ESA）27％用量，以及減少鐵類靜脈注射劑 52%用量！

這項結果預期單在美國市場，就可為美國健保系統每年節省約 7.5 億美元的開支，美國合作夥伴預期在 2013 年的第二季向美國的 FDA 及歐盟的 EMA 送件新藥上市申請。

善用槓桿原理奠定根基

這是台灣藥廠與美日先進藥廠共同開發全球性新藥的成功案例，並且是由台灣主導領軍，這也意謂著台灣的新藥開發具有無限潛力，因著新藥 Nephoxil® 的研發成功，「寶齡富錦」將擁有全球原料藥供應或收取權利金的權利，並保留最後上市藥品亞太市場銷售權，藥物批准上市後，預期將擁有全球原料藥及產品分紅，以及自己產品的亞太銷售盈利，獲利可觀。

寶齡富錦獲得多項生技獎項肯定。（圖片提供：寶齡富錦）

以新藥開發藥廠來說，「寶齡富錦」未來可觀的營收，可說是財務操作、槓桿投資原理的經典，陳桂恆教授表示，目前估計台灣的投資額約為 1,000 萬美元，美國的投資額約為 6,000 萬美元、日本投資額約為 5,000 萬美元，總投資額約為 1 億 2,000 萬美元。

寶齡富錦總經理江宗明（中）、陳桂恆教授（左）與專責研發湯竣鈞（右）三人合影。（圖片提供：寶齡富錦）

台灣僅僅花了總研發經費 10% 的投資費用，卻能領導並參與世界性新藥發展，可說是價廉物美，這種小蝦米與大鯨魚合作成功的不二法門，訣竅就在選對題材。

精準選題、謹慎評估

陳桂恆強調，選題是一個很重要的步驟，好的開始是成功的一半，能夠知己知彼，才能百戰不殆。Nephoxil® 因開發者不懂技術開發及法規的重要性，在開發期間觸犯嚴重錯誤而被放棄，「寶齡富錦」經過非常謹慎的評估，並確定有能力克服包括技術、專利、授權及費用等等困難，才決定投入此新藥的開發。

然而在剛起步時，就面臨實際製藥的困難，陳桂恆回憶，因為 Nephoxil® 屬於化學藥，製造原料必須提升至藥品級，因此單單從原料尋找進到製程就需要許多步驟，這是最重要的基礎，需要純熟的技術與評估。

Nephoxil® 在最初階段花了將近 2 年的時間。這段期間，「寶齡富錦」曾遇到原料、技術升級以及成本預算等瓶頸，後來一一克服，這種煎熬讓陳桂恆教授對於「寶齡富錦」江宗明總經理致上無限的敬意，也佩服他當年的勇氣。

成功需仰賴產官學研共同合作

陳桂恆進一步提出，台灣的生技製藥業需要一些強心劑，希望「寶齡富錦」的成功可以帶給台灣廠商一些啟發：只要找對題目，台灣藥廠可以使用槓桿原理（Leverage），以少量的投資，與美日先進藥廠共同開發全球性新藥，不需要單打獨鬥，也能製造多贏局面，取得部分世界市場。

一個新藥能成功研發，不僅僅只是倚賴藥品的研發技術就能成就，陳桂恆認為高科技商業化（包括研發新藥）是一個團隊的遊戲一由選題到科學面、技術面、智財面、法規面、法律面、商業面、經濟面、經營面、管理面共同組成，是環環相扣、息息相關且殘酷的商業遊戲。

陳桂恆強調，「台灣在每一個面來看都有很好的成就，但需要整合學者及研發人員，讓他們在生技產業鏈的相對位置；而商業團隊、法規法律智財團隊等等也必須各有其位，大家相互了解，跨領域合作，產官學研共同合作努力，共享成敗，才能創造成功。」

化學藥

化學合成藥也稱小分子藥，是一種易水解或酶解釋放出小分子的藥物。

與其對應的是大分子生物藥，如蛋白藥、抗體藥等。

政府虛擬管理團隊協助

「我們需要的是有整合能力及做決定的領袖、有執行性的技術與商業團隊、再加上階段性的求雨者（Rainmakers），相互合作，就有成功的希望」，「寶齡富錦」的成功經驗，陳桂恆希望能給台灣生技製藥業一個啟發，讓台灣不再有藉口，不再有技術障礙，他強調「我們要的是 Just Do it 及不畏困難的精神，選對的題目，找對的人做對的事。」

2006年，為輔導國內生醫產業的研發成果盡速進入市場，陳桂恆以衛生署醫藥品查驗中心（CDE）顧問身分，曾向行政院建議成立「虛擬管理團隊」（Virtual Managemt Team），針對藥品上市過程所需的市場及法律人才，由政府組成團隊，輔導廠商快速通過各國市場要求與規定。而這類似的團隊經營理念就運用在「寶齡富錦」Nephoxil® 新藥開發案上。

研發案的主要執行負責人湯峻鈞表示，這十多年來，跨領域的產業溝通協調是工作的重點！

克服各國法令不同要求

研發初期，為尋求製造藥品級化學原料與藥品製造，湯峻鈞除了找台灣藥廠自行研發，也尋求加拿大藥廠合作。研發成功、進入試驗階段後，為降低投資風險，開始尋求合作夥伴，進行專利權申請與授予，甚或尋求政府協助，藉此籌措資金與技術支援。

在尋求醫藥合作夥伴的過程中，湯峻鈞表示，最難的是必須面對各國法令、各國政府FDA的不同要求，以及股東們的期待。新藥研發是條漫長的道路，如何取得各領域合作夥伴的信賴與支持並且保持密切合作，確實是一大考驗。

陳桂恆教授曾擔任美國食品藥物管理局（FDA）學名藥部門主席，本身又是智財專家，對於國際相關法規甚為熟稔，對於專利權的佈局更擁有縝密規畫，在他的指導下，寶齡富錦（寶瑞康）擁有Nephoxil® 完整的智慧財產權。

完整智慧財產權佈局

就專利而言，包括Nephoxil® 全球原料供應權利共擁有10個專利家族，而每一個專利家族都有申請多國的專利權，

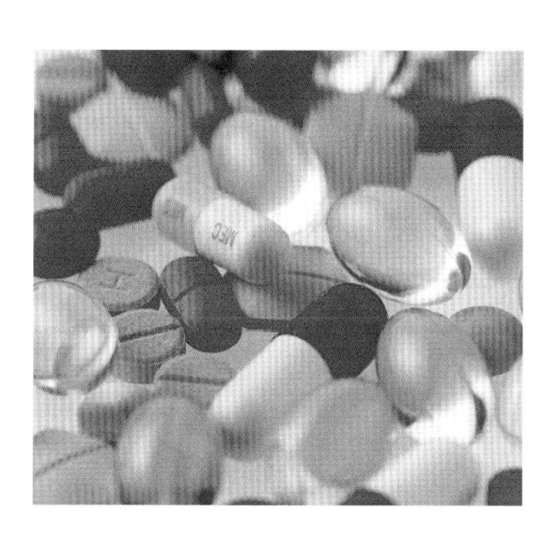

共計有52國、29個專利權，專利期限至2024年。這也建立了台灣藥廠在全球專利佈局的新規範。

台灣發展生技產業，目前大多是由學者及研發人員主導公司運作，但藥品能否順利進入市場，更仰賴法律、金融、智財、計畫管理及技術發展等人才，從金融、法規及智財等不同領域來協助廠商通過不同國家的市場要求。陳桂恆提醒：「這無形資產非常重要，是台灣目前亟需努力的部分，尤其是相關人才的培育。」

一個時間短、成功率高且具廣大市場性的新藥研發計畫，首先一定要做好全方位的風險評估，陳桂恆老話一句「知己知彼，百戰百勝」，一旦決定投入就要全力以赴，找最好、最對的人，做最對的事，他鼓勵其他生技公司可以以「寶齡富錦」作為參考學習的例子。

他認為，「寶齡富錦」雖非絕對完美，但最起碼如何選題，如何找尋技轉單位、合作夥伴、授權模式等等，都是其他同業可以學習的地方，「今天要比昨天好，以後要比過去好，總有一天，台灣的生技藥業全球遍地開花……」這是陳

寶齡富錦總經理江宗明（右）與Nephoxil® 研發計畫主持人湯竣鈞合作多年，一起克服各項難關。（圖片提供：寶齡富錦）

Profile

Nephoxil® 新藥研發大事紀

2001 • 成功自美國密西根大學取得腎病新藥 Nephoxil® 基礎技術的全球專利獨家授權。

2002 • 完成新藥 Nephoxil® 藥用級主成分的升級研發，並向美國 FDA 登記 Type II DMF。

2005 • 與美國 NASDAQ 上市 Keryx 公司達成新藥之歐美日市場授權策略合作。

• 完成美國、台灣跨國多中心二期臨床試驗，成功證實腎病新藥 Nephoxil® 有效性與安全性。

2006 • Nephoxil® 二期臨床試驗報告獲美國 FDA 審核通過。

2007 • 經由美國夥伴轉授權，與日本 Japan Tobacco 及其子公司 Torii 合作，進行日本市場開發。

2008 • 台灣衛生署審核通過腎病新藥 Nephoxil® 台灣第二期臨床試驗結案。

2009 • 台灣衛生署核准腎病新藥 Nephoxil® 第三期臨床試驗計畫案。

2010 • 與台灣五大醫學中心合作進行新藥 Nephoxil® 第三期臨床試驗。

2012 • 完成腎病新藥 Nephoxil® 台灣第三期臨床試驗，12 月 27 日完成 TFDA 送件申請新藥藥證核可（NDA），可望成為首例由國人自行開發上市之化學小分子專利新藥。

2013 • 日本授權夥伴 JT/Torii 於 1 月 7 日向日本厚生省送件申請新藥藥證核可。

• 美國授權夥伴於 1 月 28 日公布美國第三期臨床試驗優異的試驗成果。

• 4 月 30 日合併子公司寶瑞康生物科技股份有限公司。

桂恆的期望。

培育與尊重專業人才

生物技術及藥物研發是近代經濟強國的指標，也是台灣及亞洲各國經濟的夢想。陳桂恆認為台灣生技本來就有很好的基礎如創新、科研及政府的鼓勵，但可惜不得其法，研發後段的商業化更乏人問津，尤其對人才及專業的不尊重，是目前台灣生技最大的障礙。

對於人才，陳桂恆提出了建議：「Give them respect, listen to what they said, give them the authority, necessary resources and responsibility but hold them responsible for the agreed upon results, share glory, reward and punishment.」

「台灣有最高水準的科研能力，但高科技的開發及商業化則有待加強。」生物技術結合的是資深的經營管理團隊，然而，知識人才庫的建立及維護、財經方面的專才管理、法律及法規的知識、製造技術的人才延攬、國際商業的傳統規範、全球化市場的資訊及世界級的銷售能力等，都不是台灣傳統藥業所熟悉的環境及遊戲規則。

高科技商品化事在人為

國內製藥業者多是家族性傳統企業或白手起家，面對這知識經濟產物，尤其是對在生技製藥研發高科技領域，需要投資及監控，業者常常會有不知從何著手的困惑。

「台灣在過去10年成果有限，」陳桂恆指出，高科技的商品化與商業的應用原理並無基本上的不同：「哪些技術及技術的好處在哪裡？誰是下一階段的客戶？可能的競爭者或合作者是誰？如何買與賣？有沒有智慧財產的保護？如何有效地尋找真正的客戶？如何有效地保障自己權益的談判、簽約？這所有的事都事在人為，只要用對了人，事情自然就會對，程序也會對。」

只要擺脫傳統包袱，透過向技術先進國家取經，在透明公平競爭的環境中，新藥開發的成功途徑及技術要求都有脈絡可循……。

陳桂恆

陳桂恆教授（Dr. Keith Chan）1971 年高雄醫學院藥學系畢業後，即赴美攻讀碩士，1980 年取得明尼蘇達大學（University of Minnesota）博士學位。

曾任職於 Ciba-Geigy 藥廠（現為 Novartis）服務，後加入美國 FDA 擔任學名藥主管（ Director at the Office of Generic Drugs），並任教於馬利蘭大學及明尼蘇達大學。

1997 年創設 GloboMax 生技藥物發展顧問公司，2003 年讓渡給 ICON, plc，成為美國華人生技公司創業的成功模式。

具有少見的產官學三棲豐富經驗，也因此成為國際生技製藥發展的最佳技術經理人。1995 年以藥物在人體吸收的研究榮獲美國藥學科學家協會 (American Association of Pharmaceutical Scientists（AAPS）) 院士榮銜。

重視人才培育的他，對國內醫藥管理的法規及制度化有卓著的貢獻，受聘為台灣國立陽明大學生物藥學系新藥研究所，及國立政治大學商學院智慧財產研究所兼任教授。

利用本身橫跨產官學之豐富經驗，陳桂恆多次協助亞洲的生技製藥公司，及國內的中心及業者扣關美國 FDA 新藥及植物藥的申請與臨床試驗的諮詢及安排，在國際市場中異軍突起，創造應有的價值。

第三篇　生醫人物誌

投注畢生心血的科學家和生技界的經營戰將，
讓台灣生技產業在世界舞台逐漸嶄露頭角！
台灣生技掌舵者翁啟惠，醣分子研究傲視全球；
「愛滋殺手」何大一，協助台灣發展愛滋新藥；
台灣「肝帝」陳定信，帶領台灣走過肝炎聖戰；
罕病救星陳垣崇，放棄名利、堅持從事研究；
生技創業家張念慈，以建立台灣品牌新藥為己任；
美國藥界名人張念原，放棄高薪回台開發新藥；
從醫界轉投製藥業的張世忠，發願挽救更多生命；
藥界「艾科卡」林榮錦，19 年救活 6 家公司；
微脂體專家洪基隆，把畢生研究心血帶回台灣；
他們艱辛奮鬥的故事，
帶給台灣生技界更多能量，和更多未知的可能！

翁啟惠
台灣生技舵手

他原本只是個功課普通的鄉下孩子，到國小ㄧ年級才懂得用功唸書；當台大同學紛紛在海外拿下博士學位回國，他才剛完成國內碩士論文；31 歲才赴美進修，卻成為 MIT 有史以來第一位從台灣直接招收的化學博士生；只用 3 年就拿下博士學位，在 4 年內升為正教授，後來當選美國國家科學院院士

他是第一個在實驗室大量合成醣類的科學家用這方法開發出全球第一個乳癌疫苗，有機會改變數以千萬癌末病人的命運—他是中央研究院院長翁啟惠。

嚴肅外表下的赤子心

只不過是接受國內平面媒體的採訪，中研院長翁啟惠卻慎重地端坐在辦公室，彷彿模擬考前的最後衝刺，仔細研究記者擬給他的採訪大綱。他眼鏡下專注的神情，不時透著深奧的智慧，接著，他拿起卷宗，不急不徐地踱向會議室，用平和簡單的語調向記者打招呼。

翁啟惠嚴肅的表情總是把初次見面的人給嚇一跳。不過，只要和他深談幾分鐘，很快就會發現，這位揚名國際的化學

Profile

現職

中央研究院院長

學歷

- 台灣大學學士
- 台大生化科學研究所碩士
- 美國麻省理工學院化學博士（指導教授為 Prof. George M. Whitesides）
- 哈佛大學博士後研究

經歷

- 德州農工（Texas A&M）大學化學系教授
- Scripps 研究院化學講座教授
- 日本理化研究院（RIKEN）尖端科學研究之醣科技研究所所長
- 中央研究院院士
- 美國藝術與科學院院士
- 美國國家科學院院士

得獎

- 美國化學界有機合成化學及醣化學領域的最高國家獎
- 國際醣化學獎
- 國際酵素工程獎
- 美國總統綠色化學獎
- 美國化學會之有機合成創意獎
- 卡頓獎章
- 美國化學會亞瑟科博獎

權威、台灣最高學術機構的掌舵者，不但沒有架子，而且保有難得的赤子之心。

1948年出生的翁啟惠，從小在嘉義縣義竹鄉長大。每天下課後，他和鄰居在偌大的庭院裡打球、嬉鬧追逐、忙著爬樹摘果子…。那個有庭院、有池塘、有果樹的大房子，裝滿了翁啟惠快樂的童年回憶。

快樂童年多才多藝

「我家庭院的果樹一年到頭都有水果，蓮霧、龍眼、芭樂、芒果…，我很懷念那時的生活，玩得很痛快。」翁啟惠一臉陽光燦爛，彷彿才從果樹上摘下戰利品。

這個兒時記憶中的大宅院，有著磚造洋樓、立體廊柱，加上仿希臘式的中央樓頂，因為融合了閩南及西洋的建築風格，一眼望去非常搶眼，現在被列為縣府古蹟。不過因為政府預算有限，翁啟惠自掏腰包出資千萬，期盼在這個斑駁的建築中，挽住兒時美麗的回憶。

小時候的他雖然成績平平，課外活動卻十分拿手，音樂書畫樣樣精通，舉凡運動、美術、書法、歌唱各個領域，他都有出色的表現：棒球和乒乓球可以打進校隊；在中學時，得過全台南市美術10大佳作；還曾經是學校壘球投擲紀錄的保持人。

母親生病突然開竅

不過，這個不愛唸書的孩子，到了國小五年級時突然開竅，有著180度的大轉變，至於這改變的契機，是母親一個健康上的小意外。

翁啟惠的母親原本就身體不好，因操持家事疏於照顧自己，結果生了一場大病，望著病榻前的媽媽，過去只知道玩耍的他突然覺醒：往後若沒了母親的照顧，自己的生活該怎麼辦。就在這一夕之間，貪玩的小男孩突然長大。

可能天資聰穎，他一開始用功，成績便翻倍急飆，畢業時更成為班上唯一考上台南一中的學生。12歲那年，他離家在外頭租房子唸書，不但懂得跟房東討價還價，燒飯、洗衣、燙衣樣樣得自己來，「那段生活現在想起來還是覺得不可思議，也因為這樣，我很獨立，也很會照顧自己，甚至一直到現在，放假在家時我還會無意識走到廚房，要幫忙做飯。」

天資聰穎急起直追

台南一中初中部畢業後，他直升高中部，當時的化學課就是他最強的科目。「我做實驗時特別厲害，試管裡頭的化學反應，很多同學都做不出來，我都做得出來，老師就一直誇獎，他愈誇獎我就愈有興趣，也愈有信心。」說到這裡，翁啟惠原本平和的語調突然有了高亢的落點。

3 年下來，他因成績優異得以保送清華大學化學系。不過，在不服輸及家人的期待下，他放棄保送，以台大醫科為第一志願參加聯考，但這次他意外落榜，只考上第二志願台大農業化學系。不過他略帶自嘲地說，「聯考不一定公平，而且我就是很害怕解剖，以前生物課要解剖青蛙，我就是動不了手。還好我沒考上醫學系，否則可能也無法成為好醫生。」

的確，塞翁失馬、焉知非福，幸好他沒考上醫學系，否則，這世界真少了一個優秀的科學家。

無法忘情最愛的化學

在台大農化系唸了 4 年，翁啟惠始終無法忘情於化學，於是，在服完兵役後，他先在台大化學系當助教，並跟著台大化學系教授王光燦，前往中研院擔任助理研究員，開始接觸蛋白質合成的研究。

翁啟惠在大學畢業後才回到自己最喜愛的化學，在中研院一待就是 7、8 個年頭；當大學同學都拿到博士回國任教，他才剛在台灣完成碩士論文，而且口試委員居然是自己的同班同學！不過，這 7、8 年裡，他扎實而全神投注於研究，前後發表過 35 篇論文，也完成了終身大事，與在北一女擔任美術老師的劉映理結婚，1 年多之後，共同迎接長女翁郁琇的誕生。

31 歲赴美國 MIT 進修

很多人有了穩定工作與美滿家庭，就不再有「出國唸書」的念頭。當時31歲的翁啟惠，看來似乎是符合這條件。不過，當他決定出國唸博士時，他的太太劉映理不但支持，甚至也跟著申請麻州藝術學院，伉儷兩人準備帶著愛女共同赴美進修。

翁啟惠知道MIT（麻省理工學院）化學系教授George Whiteside（懷特賽茲）正在研究酵素有機合成，於是特地寫信去毛遂自薦，後來不但如願成為這位知名教授的門徒，更成為MIT有史以來，第一位直接從台灣招收的化學博士生。

MIT名師的得意門生

開學前3個月翁啟惠抵達MIT，初次見面的懷特賽茲立刻丟了一個題目，沒想到翁啟惠覺得這問題不對，回答說「It's not going to work.」（這行不通的）。幸好肚量不小的懷特賽茲當下沒有露出不滿，對於這句聽起來像老師對學生說的話，他只回了一句，「You should try」（你該試試看）。

「一個禮拜之後，教授又來問我做得怎樣，我說我沒有做哇，這個不會work的，那時他就有點不高興，之後我有1個月沒看到他」，翁啟惠咯咯地笑著。

教授不理不睬的這個月，翁啟惠可沒有白白浪費，他完成了一個實驗報告，而且用的方法和教授當初給的恰恰相反。當他完成這份報告，把它交給懷特賽茲時，懷特賽茲拿了報告，頭也不回地掉頭就走。

就在那個晚上，消失1個月的懷特賽茲，突然把翁啟惠叫去他的辦公室，一句一句地校對原意，「你的意思是不是這樣？」由於這篇報告太精彩豐富，懷特賽茲特地把它拆成兩篇短論文投稿，結果這兩篇文章都刊登在全球最好的化學雜誌上，翁啟惠在MIT也因此一炮而紅。

昏暗夜色下的師徒對談

一般來說，MIT博士班的學生，只要4年內能夠在國際知名學術期刊發表一篇論文，幾乎能保證拿下學位，並且在大學任教。翁啟惠在正式開學前，便一口氣發表了兩篇精彩論文，這讓懷特賽茲對這位華裔學生刮目相看，從此放手讓他盡情揮灑，幾乎不曾再主導任何意見。

懷特賽茲教授的指導方式頗為特別，他總是將想到的點子，隨手寫在便條紙上，然後往研究生的桌上一丟。起初翁啟惠還不懂這些紙條的用意，老鳥學長一邊把紙條塞進抽屜裡一邊跟他說，「不用理它，反正教授會忘記的。」，仔細一瞧，這學長的抽屜滿是懷特賽茲留的便條紙。

不過翁啟惠可不這麼做，懷特賽茲每丟一個紙頭，他不是把自己埋在圖書館找資料，就是將自己鎖在實驗室，努力想要找出令教授印象深刻的 solution。拚命的他在學校都留到很晚，常常過了晚飯時間才回家的懷特賽茲，也總是在回家前特地繞到實驗室來看他，昏暗的夜色下，空盪盪的實驗室裡常留下這對師徒討論的身影。

興趣是前進的唯一動力

「那個過程是很令人興奮的。他（懷特賽茲）就是給你挑戰，你做出成果，他也就想辦法幫你發表，這種鼓勵的方式激發了我對化學源源不絕的熱情。」

翁啟惠坦承，在台灣時自己只是個細心努力、腳踏實地的學者，雖然喜歡化學實驗，卻沒有熱愛到"廢寢忘食"的地步；到了 MIT，他才真正找到自己有興趣的領域，可以忘記時間、忘記疲勞，達到渾然忘我的境界。

「很多瓶頸是當你全心投入、完全忘我時，才有辦法突破的。所以做科學不要去計較時間，也不要去計較待遇，找到興趣才是最重要的。」

鎮日醉心於研究的翁啟惠，常常到深夜才摸黑回家，他在實驗室的時間遠比在家的時間還長，當時兩歲多的女兒翁郁琇幾乎見不著爸爸，原本也在修藝術碩士學位的太太，毅然放棄了自己進修的機會，回家全職照顧孩子。

家人全力支持

其實翁啟惠和太太劉映理算是遠房親戚，兩人原本沒有交集，在台南當校長的丈人有位畢業學生想成立化學公司，特地北上找翁啟惠幫忙，才和當初在北一女教書的劉映理逐漸熟稔。畢業於師大美術系的劉映理是個浪漫的美學家，雖然她偶爾抱怨先生不浪漫，不送花也不寫卡片，但對於翁啟惠一頭栽進工作而忽略了家庭，她卻從不抱怨。這讓翁啟惠語露感性地說，「我是欠她一輩子。」

一個優秀的科學家，往往得將生活品質擠壓到最低，才能獲得非凡的成就，這除了自己的付出之外，也少不了家人的支持與後盾。

對於翁啟惠一工作起來就不見人影的情況，家人其實也很習慣。「有一次我提早回家，我女兒就偷偷地問我太太說，“爸爸到底出了什麼事，今天這麼早回來”。其實那次是因為實驗失敗，所以趕快回家休息。」翁啟惠一邊說，一邊忍不住哈哈大笑。

兒女遺傳父母特質

翁家的一對兒女，都遺傳了父母兼具感性與理性的特質。兒子畢業於 MIT 物理系，後來到史丹佛大學學電機，成為資訊工程師，不過他的小提琴拉得相當好，不但在國際比賽得過獎，還常常利用業餘時間四處巡迴演奏；至於女兒剛進 MIT 時是唸生物，大二時改唸建築系，後來覺得自己更愛畫畫，於是又轉學念哈佛大學視覺藝術系，畢業後到紐約藝術學院拿了碩士學位。

說到這裡，翁啟惠忍不住補上一句：「她的主修就是畫圖，不是設計也不是什麼，純粹就是畫圖。」

原本唸有「錢途」的 MIT 建築系，後來卻決定當個「純粹的藝術家」，恐怕許多長輩忍不住要煩惱：「這孩子未來能不能養活自己？」探問一下翁啟惠的想法，他一本直率的個性回答說，「我當然不放心，怎麼會很放心？不過她很高興啊，這樣我們就不擔心了。只有找到自己興趣，才能有前進的動力，沒有興趣的話什麼也做不來。」其實這句話所影射的，正是翁啟惠自己。

醣分子研究傲視全球

還沒成功之前，翁啟惠在實驗室裡默默耕耘了十多年，既不問目的，也不問成果，堅持著自己的興趣，終於在醣分子領域，找到令全球化學界振奮的祕密。

幾經尋覓才找到的興趣，

翁啟惠以獅的雄心、水牛的堅毅投入研究工作。

讓翁啟惠義無反顧地全心投入，連例假日都跑實驗室。日以繼夜的工作，讓他 3 年就拿下博士學位，期間完成 20 篇論文，這幾乎是一般博士生的 7-8 倍；之後他在哈佛大學做了一年博士後研究，然後就被挖角到德州農工大學擔任教職，繼續投入酵素合成複雜分子的研究，並逐漸將重心轉移到醣分子的合成。

在過去，醣類只被視為提供熱量的來源，因為它的結構太過複雜，科學家對它的了解極其有限，更罔論想要去合成它，不過，這對一向不做“Me Too”研究的翁啟惠來説，反而是個大顯身手的機會。只是這個領域冷僻而深奥，一開始很難拿到研究經費。

多醣體合成帶來新革命

儘管如此，翁啟惠從不設想自己的研究是否會帶來名利，也從不計較付出是否能得到合理的回饋，「我知道我的研究對社會是有 impact（影響力），我的個性不會跳來跳去，不會説錢在哪裡就往哪裡去，所以我是很 persistent（持續不斷）在想這些問題。」

「不計代價」的付出，讓他在黑暗中整整摸索了 14 年，尤其在 Scripps 研究院任職期間，才逐漸揭開醣分子神祕的面紗，並成為全世界第一個開發自動化的方法及使用酵素大量合成多醣物的科學家。

他發明的「一鍋式酵素反應」，採用生物方法合成醣分子，能夠在幾小時或不到一小時內，完成各式的多醣體合成，也發明「一鍋式醣化學合成法」，這取代了原有的化學合成方法，為製藥帶來革命性的影響，甚至還可以製成敏感度高的醣晶片，快速檢測病毒或癌細胞的存在。

獅子抱負、水牛態度

當初誰也不願碰觸複雜的醣分子，翁啟惠卻執著地想要在其中找到生命的答案。難怪有媒體用「獅子抱負、水牛態度」來形容他：他用獅子的雄心立下大志，要解決人類疾病問題；卻以水牛勤奮的態度，解開化學界最難懂的醣類之謎，為人類醫學帶來革命性的影響。

翁啟惠在學術上非凡的成就，被譽為「台灣下一位諾貝爾獎得主」。他一共發表了 700 篇的科學研究論文，擁有 100 項以上的專利，深受國際的高度肯定，榮獲美國化學界有機合成化學及醣化學領域的最高國家獎、國際醣化學獎、國際酵素工程獎、美國總統綠色化學獎，卡頓化學獎章及亞瑟科博獎等等；54 歲那年，他獲選為美國國家科學院院士，院士中有 170 多位得過諾貝爾獎，堪稱是科學界金字塔的最頂端。

處於全球科學界的頂峰，不但讓翁啟惠擁有高度的威望，也有著豐厚的研究資源。他在斯克里普斯研究所除了每年有政府數百萬美元的研究計畫外，也有 1500 萬美元的講座經費；日本政府更邀請他每年到日本長駐 1 個月，擔任理化研究院尖端科學研究的醣科技研究所所長，除了充足的研

生醫小辭典

醣分子

人體內有 90% 以上的蛋白質和醣分子連接在一起，舉凡細菌或病毒感染、免疫反應，以及癌細胞擴散等等，都和它有關，所以如果能清楚醣分子與蛋白質如何產生作用，就可以知道致病原因。具體說來，醣分子有點像樂高玩具，可以從多個角度堆疊成一個大分子，但它的結合點很脆弱，要合成並不容易，這個複雜的科學領域一直沒有任何突破，直到翁啟惠發展出的生物有機合成方法，才使得醣分子與醣蛋白得以正式應用於臨床醫學。

究經費及提供宿舍外，還有日薪兩千美元的優渥待遇…這些實質條件都足以讓他毫無後顧之憂地投入研究。

返台貢獻畢生研究

不過，當前中研院長李遠哲找他回台，甚至動之以情：「你與其幫日本人，還不如幫台灣人。」這讓已經離鄉24年的翁啟惠，陷入天人交戰的長考。

事實上，人在美國的翁啟惠，也幫忙培養不少台灣人才，不只許多留學生都到過他的實驗室，他指導過的學生及博士後研究人員，前後更超過300人，這些人多在研究機構、生技製藥公司，和政府部門服務，儼然成為台灣生技發展的尖兵。只是，這些仍不及他回台直接參與的爆發力。

2003年，他放棄美國的一切，回國擔任中研院基因體研究中心主任的職務，將畢生研究的技術帶回台灣，以獨步全球的醣分子技術，研發出世界上第一個具有療效的乳癌疫苗。隨後更在學術界的共同推崇下，獲選為第九任中央研究院院長，領導全國最高學術研究機構。

不問得失只求全力付出

常自謙自己對行政工作不擅長的翁啟惠，其實將中研院院長的角色扮演得有聲有色。他主持下的中研院，從過去封閉的純學術，開始和社會有了連結，他也積極與產業界討論，了解生技發展的問題所在，進而協助政府制定「生技新藥產業發展條例」，讓資金、人才與技術的交流更為通暢；甚至協助修訂「科技基本法」及成立生技育成中心，希望讓重要發明透過技轉，縮短新藥開發的遙迢長路….許多法規的限制都因為他的登高疾呼，而出現了鬆綁的契機。

不過對於自己交出的漂亮成績單，他一派淡然的口吻說，「既然決定了，就努力去做，至於做得好不好，後人自有評價」。

面對只求效率、急功好利的現代社會，翁啟惠用穩紮穩打的步調，形塑他理想中的生技環境。他從不預想未來的成果，只求當下全心的付出，從過去單純的科學研究，到現在瑣碎的行政工作，一路走來，始終如一。

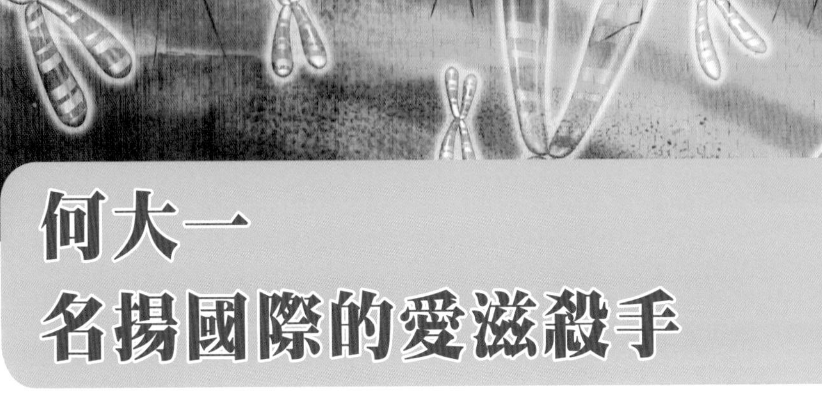

何大一
名揚國際的愛滋殺手

因為他發明的雞尾酒療法，史上最難纏的病得以放緩腳步，死亡率下降 90％，有 300 萬人生命得以延長 10 年以上，甚至有兩個個案因而到痊癒，國際媒體稱他是「扭轉愛滋戰局的真正雄」。

他榮登《TIME》雜誌封面人物、「美國跨紀百人榜」、「加州名人堂」、「美國總統公民章」…。61 歲的他，在科學上獲得無數的成就與耀，但這些不是鞭策他前進的最大動力，窮鄉僻壤貧病交迫的陌生人，才是他勇往向前的主要原因。

Profile

現職

艾倫戴蒙德愛滋病研究中心主任暨執行長

美國洛克菲勒大學教授

學歷

- 麻省理工學院
- 加州理工學院學士
- 哈佛大學醫學院醫學博士

經歷

- 美國紐約洛克菲勒大學艾倫・戴蒙德愛滋病研究中心主任、教授
- 中央研究院院士
- 美國醫學科學院院士
- 美國藝術與科學院院士
- 中國工程學院院士
- 香港大學等 12 個榮譽博士學位

得獎

- 紐約市長科學與技術卓越成就獎
- 1996 年美國時代雜誌封面人物
- 美國總統勳章獎
- 加州名人堂

現代史懷哲行腳為愛滋

2008 年 5 月，中國四川省的汶川縣發生大地震，儘管幾天後仍餘震不斷，艾倫・戴蒙德愛滋研究中心（ADARC,Aaron Diamond AIDS Research Center）執行長何大一博士，仍按原定計畫前往中國，在慌亂的重慶機場轉機，準備前往雲南昆明。

從昆明往隴川的方向，一路上荒涼顛簸，那兒有個名叫法帕的傣族小村莊，7 年前這個小村子裡，光是造冊吸毒人口就 114 名，其中，愛滋病毒感染者高達 45 人。

然而，這個村落只是整個中國西南，一個悲劇的小小縮影。

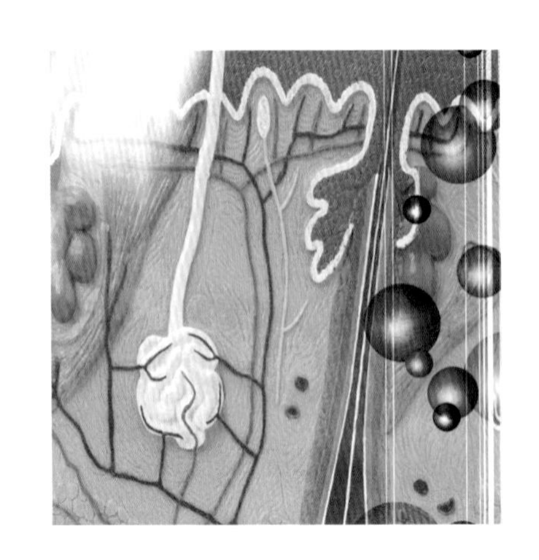

Information

ADARC

位於紐約曼哈頓的愛滋研究機構 ADARC（Aaron Diamond AIDS Research Center），是由艾琳・戴蒙德女士（Irene Diamond）創辦，現為全球最大的私人愛滋研究機構。

戴蒙德是位資深的影片製作人，她善於發掘電影明星，發掘好的劇本，「北非諜影」就是她的傑作之一。1990 年，深具識人眼光的她，得知何大一投入全新的研發領域，於是成立 ADARC，並邀請當時 37 歲的何大一擔任執行長，財務上的全力支援，讓 ADARC 在愛滋領域交出漂亮成績單。

金三角愛滋病毒猖獗

靠近海洛因主產地「金三角」的雲南中緬邊界，因為吸毒者共用針頭注射毒品，再加上貧窮交迫，許多人不得已非法賣血，這使得愛滋病毒在當地特別猖獗，無辜被波及的婦女及兒童，背後都有段令人鼻酸的故事。

事實上，打從 2003 年開始，ADARC 在中國努力推行愛滋防治計畫，並且將研究大陸愛滋的「總部」，設在佔有三分之一愛滋病患的雲南省，他們設法幫助 400 名感染愛滋病毒的婦女，並成功阻止她們將病毒傳染給下一代。

大幅減少母嬰垂直感染

「我們持續推動愛滋防治計畫，也引進先進國家使用的雞尾酒療法藥物，近 5、6 年來，母嬰垂直感染比率從原有的 40% 降為 0.6%，這和 ADARC 在紐約進行的臨床結果差不多。」

12 年來，何大一飛了 30 幾趟，期待用自己的專長與優勢，來改善當地貧富差距帶來

Information

金三角的嚴重愛滋感染

雲南的西部與緬甸交界，南邊則與越南和寮國相鄰，這個地區向來有「金三角」之稱。15 到 19 世紀，鴉片便是從這裡進入中國；如今海洛英也由此地進口，再轉往香港等地，因此，當地人很容易染上毒癮，尤其從事性工作者，約有 80％ 是 HIV 陽性患者。

由於當地為中國少數民族聚居地，人民收入低，也鮮少受教育。所以 ADARC 與中國政府以此地為推廣防治愛滋的大本營。

的不對等的醫療環境。

那天，ADARC 在隴川婦幼保健醫院舉行一場會議，雖然一整天的傾盆大雨，許多愛滋患者仍徒步經過深林荒野，長途跋涉前來，他們有的被家人遺棄，有的備受歧視，還有些年輕孩子雖然沒感染，卻因為父母死於愛滋而被親族遺棄。

感同身受的人道情懷

一位年輕媽媽背著襁褓中的孩子，在會後蹣跚趨前，淚流滿面地向何大一道謝。

此情此景，何大一回憶起來仍感動莫名，他說，「我人生中最感到快樂與驕傲的時刻，並不是得獎的剎那，而是一句“謝謝你讓我活下來”。」

這股感同身受的人道情懷，是何大一和愛滋病毒奮戰到底的初衷。他與它在 32 年前正面交鋒時，就註定結下不解之仇。

接觸全球首宗愛滋病例

1978 年，何大一獲得美國哈佛大學醫學院醫學博士的學位，隨即在洛杉磯的西達 - 希奈（Cedars-Sinai）治療中心擔任實習醫生，專門研究內科治療與感染性病毒。在這裡，他接觸到全球首宗遭通報的愛滋病毒感染案例。

1981 年，一個年輕男同性戀者被送進醫院，他全身出現各種不同的感染，發燒、潰瘍、肺炎….等等，臨床症狀顯示抵抗力極低。幾個禮拜後，又陸續有4個病人被送進醫院，奇怪的是，他們在前一兩個月看起來還很健康，後來卻因免疫系統機能急速喪失而死亡。這使得當時才30歲的何大一感到好奇，他到處翻書、找資料、問教授，但都沒能找到答案。

「我就是想知道到底是什麼原因，不過當時因為只有5個病人，很多人都說這只是個巧合的怪病，叫我不要浪費時間，研究別的疾病對日後的事業才有幫助。」

愛滋病毒變異力驚人

但與生俱來的好奇心，驅使何大一勇往直前，他決定要好好研究這個前所未見的病毒。

HIV愛滋病毒主要攻擊的免疫細胞，病毒的複製能力很強，平均每天可以複製1萬個以上，加上病毒外膜具有驚人的變異力，使得它得以藉由模仿躲過防禦機制，直搗人體免疫系統，導致最後整個崩潰。

何大一解釋，「這個病毒是很小，卻很頑強、很聰明，它變得很快，有好多保護自己的方法。」

雞尾酒療法問世

各先進國家相繼全心投入，才逐漸摸清這狡猾的愛滋病毒，後來陸續也有20-30種藥物問世，但因為HIV病毒變異太快，很快就出現抗藥性，在發現第一例AIDS個案後的前15年，只要病人發病，平均6-19個月內就會死亡。

到了1996年，何大一利用數學模式計算出病毒和人體免疫系統相互病變的

過程，發現如果使用單一藥物，愛滋病毒很容易通過突變來對抗，但如果同時使用 3 種藥物，HIV 就不容易產生對抗所有藥物的病毒，人體就有機會恢復免疫力。

1996 年底，何大一被 Times 雜誌評選為十大風雲人物，並榮登雜誌封面。

成功遏止病毒蔓延

果然這個方法成功阻止病毒的蔓延，死亡率下降了 80~90 ％ ，「Dr. David Ho」聲名大噪。1996 年底，何大一獲選《TIME》時代雜誌當年度 10 大風雲人物，並榮登雜誌封面；1997 年被選入「美國跨世紀百人榜」；2001 年，受美國白宮頒發「總統公民勳章」。

人類和愛滋病經 15 年慘烈的對抗，因為雞尾酒療法的問世，在絕望的黑暗中帶來一線希望，媒體用斗大的標題形容何大一：「The man who could beat AIDS」（可望打敗愛滋的人）。

致力開發疫苗消滅愛滋

然而，雞尾酒療法雖然使得愛滋病得以受到控制，卻仍

Profile

《TIME》雜誌封面人物

《TIME》雜誌 1996 年底封面為何大一，這本創刊於 1923 年的雜誌被公認為美國最權威的主流雜誌，它在每年年底評選出 10 大風雲人物，並以當年度對世界最具影響的人物做為封面。曾獲選年度風雲人物的科學家包括：1960 年的 15 位美國科學家，以及 1968 年阿波羅八號的 3 位太空人，但他們都不是封面人物。而曾登上封面的華人，除了何大一之外，還有 1937 年的蔣介石與蔣宋美齡，以及 1978 年、1985 年兩度上封面的鄧小平。

Profile

愛滋病治癒案例

一名出生於美國密西西比的愛滋女嬰，在出生大約 30 個小時，被施以三合一雞尾酒療標準藥物治療，結果病毒數量逐漸減少，出生 29 天後就完全測不出病毒。目前未滿 3 歲的她已經停藥一年多，不但沒有出現感染徵兆，血液檢測也顯示病毒不再複製，成為全球第二例治癒的愛滋個案。

至於第一個成功治癒的愛滋個案是被稱為「柏林病例」的布朗（Timothy Ray Brown），他於 2007 年透過幹細胞移植，成功清除體內的愛滋病毒。

無法治癒。從 1981 年以來，至今已有 2,500 萬人死於愛滋，有 7,000 萬人受到感染，平均每分鐘有 6 人死於愛滋，每天新增 7,000 名病患。面對持續累積的數字，何大一坦承，這的確是很大的壓力。

「它像網球比賽中，你遇到的很強對手，你尊敬它，但你想要打敗它，特別是你現在被它打敗，所以你必須更努力、更有創造力。」

為愛滋病人爭取到延長生命的方法，對何大一來說還不夠，所以他要繼續奮戰，「開發疫苗、消滅愛滋」，成了他下一個人生目標。

律己甚嚴、品學兼優

2008 年 3 月，何大一與兩位弟弟（何弘一、何純一）為了替父親寫傳記《悲欣路》，偕同傳記作者特地重回台中市復興路的故居，這棟屋簷低矮的日式房子，有好幾間榻榻米房間，何大一還記得小時候在房間裡跑來跑去，玩得非常開心。

在台中出生的何大一，從小品學兼優，也一直是學校模範生，國小五年級時，還代表全校站上司令台擔任司儀，那時他和同時代大多數的學生一樣，為了通過考試進入中學，過著白天上課，晚上補習的生活，等他騎腳踏車回家時，通常天色已暗。

這個自律甚嚴的孩子，一直以來都很用功，也沒讓父母操過心。何大一的母親江雙如曾在電視訪問中表示，「他小時候在學校任何一科考了 99 分還不滿意，回家會把自己關在房裡，不久我們就會聽到他啪啪啪打自己。」

移民美國展現數理天份

儘管他在光復國小求學時，每年都拿第一名，卻沒能拿到畢業證書，因為六年級下學期沒多久，他就隨母親和弟弟移民美國，和先行在美求學的父親團聚。那時他才 12 歲，不但英文一個字也不會，還要適應種族問題，這讓從小就是模範生的何大一，頓時失去信心，「那段時間我變得很沈默內向。」

雖然英文要花點時間趕上，不過何大一的數學和科學則都比美國孩子強，所以他在初中畢業後不但順利進入高中，還因為成績好而跳了一級；到了高中畢業時，他的數學是全校第一，還拿了科學獎項。後來

他先後進入麻省及加州理工學院物理系就讀，也以第一名的成績拿下物理學士學位。

優異的數理能力真的是與生俱來，因為他的記憶力非常好，20 歲初頭在加州理工學院就讀時，因地利之便，偶爾會到賭城（Las Vegas）小賭，他靠著好記性算牌，也因此贏了一些錢，不過卻被賭場的人給趕了出來。

發現浩瀚生醫值得探索

既然，在數理領域如魚得水，怎麼後來會改學醫呢？這主要還是在於他內在那個好奇心的滿足。因為他後來發現生醫領域浩瀚無垠，值得研究探索，於是進了哈佛大學醫學院。

畢業前 2 年，24 歲的何大一和同齡的郭素玉結婚，說起

兩人認識的經過，實在稱不上浪漫。有一次何大一和朋友在家裡打牌，而郭素玉剛好陪同親戚到他家作客，當時很認真打牌的何大一，也沒怎麼招待客人，只是禮貌性地向郭素玉打招呼。過了幾天，何大一才打電話約郭素玉出來吃飯，戀情就這麼展開。

竭盡所能、做到最好

兩人婚後育有 3 名兒女，除了小女兒在麻省理工學院主修生物，和何大一的專長接近，其餘兩人走的是商管方面。對於子女的教育，何大一說，「我不強迫孩子唸什麼，我只告訴他們要傾聽自己的聲音，follow your heart, find them what to do, find them passion. What I ask them is doing their job, excellent job. 要在你那領域上，竭盡所能。」

他也常常對 ADARC 年輕的科學家說，要時時提醒自己兩個重要的英文單字：「could」、「should」。唯有不斷提醒自己「能做什麼，該做什麼」，才能做到最好，發揮到最大。

無端捲入選舉紛爭

2012 年 7 月，中研院召開第 30 屆的院士會議，許多海內外優秀學者在這裡齊聚一堂，其中也包括了從美國回台的何大一。當天大批媒體守候在會場，除為了採訪這個兩年一度的盛會外，也因為何大一當天在《聯合報》的一篇投書。

這是何大一在宇昌案發生後，首度表達意見。雖然特偵組最後以查無不法簽結本案，但他遭受的扭曲與不公平指責，仍令台灣生技界為他發出不平之鳴。

問起他的感受，他只深深嘆口氣，「I am frustrated, but I still come, and I still try to push our work forward. But life can be easier.」（雖然感到沮喪，但我還是回來，努力把該做的事情做好，只是，生活可以單純些。）

即使身處在美國，台灣出生的何大一，始終惦念著故鄉的生技發展。

開發疫苗阻斷愛滋感染

事實上，宇昌生技（後改

名中裕新藥）開發的第二代愛滋藥，希望能透過「被動疫苗」（passive vaccine）方式，阻斷人體免疫系統感染愛滋病毒。

這個最新的治療方法正因為有他的加持，才得以獲得比爾蓋茲基金兩次共982萬美元（近3億台幣）的贊助，尤其何大一研究室與中裕研發團隊合作改良的第二代皮下注射劑型，可望以被動免疫來預防愛滋，由於關乎全人類福祉，因而得到美國國家衛生研究院400萬美元的補助，是美國官方極少數願意背書的新藥計畫。

無奈這個「台灣之光」在大選期間被捲入政治鬥爭，不過何大一沒有在第一時間出面，事隔近半年後，也僅以書面低調回應。對他而言，似乎回應這口水戰是毫無意義，他寧願把時間花在對抗愛滋的火線上。

在歷史留下巨大身影

在台灣為宇昌案喧擾的這段期間，他仍馬不停蹄進出愛滋氾濫的貧窮區，幾年前他在紐約成立的「中國愛滋病防治行動」，現在除了雲南之外，河南、安徽等地也都順利展開。他用高分貝的呼籲，讓中國政府對愛滋問題的態度，從過去的否認與掩蓋，到現在的積極正視；他也用行動，打破一般民眾因無知而引起的恐懼與歧視。

這個具體而遠大的志業，顯然要比陷在政治爛泥裡，令人欣喜也格局大得多。

他是個醫生，為絕望的病人帶來希望；他是個科學家，在實驗室裡奮勇不懈狙擊病毒；他更是個夢想實踐者，將自己的心力與專長，與改善愛滋病患生活的理想，緊密地結合在一起。

投身煉獄的愛滋英雄

《時代雜誌》對何大一是這麼評價的：「有人製造新聞，有人創造歷史，而當後世撰寫這個時代的歷史時，會把人類對抗愛滋之戰中扭轉乾坤的人，當作真正的英雄。」

不論在權威頂尖的醫學領域，還是在愛滋蔓延的人間煉獄，何大一都是寫下歷史的真正英雄。

陳定信
一生對抗國病的台灣「肝帝

陳定信，一個小時候常幫忙阿公放牛的鄉下孩子，長大成了世界肝臟醫學的領航者，並帶領台灣打了一場漂亮的肝炎聖戰。

除了短期進修外，他不曾留洋唸書，沒攻讀博士學位，甚至連個碩士頭銜都沒有，卻一路從建中台大醫科、醫學院講師、教授到醫學院院長；如今他不但是國際肝炎的權威學者，更獲選為美國國家科學院院士。

40 多年對抗肝炎，他成功推動新生兒 B 型肝炎疫苗接種，至少解救 20 萬名可能死於肝癌或肝硬化的生命，「台灣肝帝」的封號，當之無愧！

畢生得獎無數

那天拜訪陳定信教授時，他和研究助理正在核對會議的行程。看診、開會、研究，把他的時間佔得一滴不剩，在忙碌的行程表裡，我們好不容易卡到一點時間，邀請他接受專訪。

走進他的辦公室，一不小心就會碰倒東西，因為他畢生拿到的獎牌、獎盃和匾額實在太多，多到無處可擺，幸好有一些已被他“藏”了起來，否則全拿出來亮相，恐怕要溢出這小小的辦公室。

Profile

現職

中央研究院院士

台大醫學院內科教授

台大醫院肝炎研究中心主治醫師

經歷

- 台灣大學醫學院院長
- 美國國家科學院海外院士
- 台灣大學醫學院臨床醫學研究所所長
- 台大醫院肝炎研究中心主任
- 台大醫院胃腸肝膽科主任
- 世界肝臟醫學會理事長
- 美國國立衛生研究院（NIH）肝炎病毒組客座研究員

得獎

- 美國肝病學會傑出臨床教育家 / 導師獎（2011 年）
- 日本經濟新聞社日經亞洲獎（2010 年）
- 發展中世界科學院（TWAS）第里雅斯特科學獎（2006 年）
- 世界醫學會世界關懷醫師（2005 年）
- Grand Award, Society of Chinese Bioscientists in America（1993 年）
- Abbott Laboratories Research Award（1986 年）
- 行政院傑出科學技術人才獎（1984 年）

陳定信的辦公室陳列著他最得意的收藏品—各式水牛擺設。

這一切，都是陳定信童年點點滴滴的回憶。

母親個性強悍務實

出生於二戰末期的陳定信，從小在鶯歌長大，一家5口都靠爸爸陳炳沛教書的微薄薪水過活。為了貼補家用，母親幫人縫製衣裳，她總是選最厚、最不易破的布，來為孩子做學校制服，因為這樣最實用、也最耐穿。

談到母親，陳定信邊笑邊說，「哦，她很 tough（強悍），我們小孩子打架打輸是不能哭的，打輸了你不要回來」。有一次，陳定信和大他5歲的哥哥爭一個橡皮球，兩人搶來搶去，誰也不肯放手，這時媽媽突然走了過來，把球抓起來，用力“唰”地一聲，球給切成了兩半。當下倆兄弟倆摸摸鼻子，誰也不敢吭氣。

相對於媽媽乾脆務實的個性，陳定信的父親則是一派的樂天浪漫。

不過，在這稍嫌擁擠的空間裡，陳定信努力闢了一塊小區域，放著自己得意的蒐藏品，那是他打從童年以來十分熟悉的動物—水牛。這些水牛的擺設，有的模樣真實、有的卡通逗趣，牠們或坐或臥、或木刻、或石雕，為學術味濃厚的辦公室，增添了不少童趣；不只如此，牆面上放的幾張水彩畫，也都和農家生活有關，

父親個性浪漫卻熱愛科學

在中學教書的陳炳沛不只對生物科學頗感興趣，偶爾會教陳定信作植物和昆蟲的標本；不只如此，陳炳沛還是個業餘畫家，畫作曾經入圍台陽美展。現在，陳定信辦公室的牆上，就掛了一幅父親在台中公園的寫生。

光復後不久的台灣，百廢待舉，老師的薪水常常發不出來，為了有更好的收入，父親在後院搭了兩間雞寮、一間豬圈，還闢了一片菜園。身為老師的父親渾身上下充滿科學的細胞，剛出生的小豬容易生病，陳炳沛買書來研究，買藥回來自己動手替豬打預防針。他們養了很會下蛋的來亨雞，但蛋下到後來蛋殼都軟軟的，陳炳沛查資料研究，認為應該是鈣質不夠，於是在食物裡補充一些泥鰍及石灰，果然，蛋殼又變正常了。

父親每天觀察、統計、記錄的身影，無意間讓陳定信對科學產生了興趣；而母親務實嚴謹的個性，則讓陳定信對實驗有了正確的態度；這兩者，也成了陳定信日後成功，最重要的特質。

欣賞梵谷的熱情執著

鶯歌小鎮的童年生活，成為陳定信最美好的回憶。不過，在他升國小五年級那一年，父親轉調台北教書，全家搬到繁華的台北市區定居，家人以為他會有段適應期，沒想到他一下子就愛上這個大都會，至於喜歡的理由，居然是「垃圾桶」。

本來就喜歡郵票的他，意外在別人的垃圾箱裡，發現遭丟棄的信封，上面的郵票花樣特殊，色彩鮮豔，有些還是特地遠從國外寄來的…，從此，他每天上下學就沿路翻垃圾，在台北大觀園愉快地探索著。

儘管來自鄉下，陳定信一路過關斬將，考上建國中學的初中部及高中部。陳定信十分

父親在台中公園的寫生至今仍掛在陳定信的辦公室中。（圖片提供：陳定信）

享受學校開放的作風，尤其學校對面就是中央圖書館（現改名為國家圖書館），他常常到圖書館借了書，然後就帶著便當到旁邊的植物園，度過中午的休息時光。

他最喜歡看的書是傳記，尤其是「梵谷傳」；梵谷一生窮困潦倒，卻不減對藝術的執著與熱情。陳定信特別欣賞這樣的特質，或者說，這和他自己的個性多少有點相似。

放棄保送考上台大醫科

高三下學期，學校公佈大學的保送名單。陳定信因為成績優異，可以保送成功大學，但為了不給家裡太大的經濟負擔，加上父親希望兒子能唸醫學院，於是陳定信放棄了保送機會，以兩個月的時間全力衝刺。

平日扎實的努力，果然讓他不負眾望考上了台大醫科，鄉下的外公更是放了一大串鞭炮慶賀。當時 18 歲的他，只知道自己將負起救人濟世的重責大任，卻沒想到來不及救自己的爸爸。

大四冬季的某一天，吃完晚飯後的父親突然摸著肚子說，「這裡摸得到一個怪怪的東西，可是不覺得痛」。當時還沒有臨床診斷經驗的陳定信，直覺不太對勁，於是陪同父親到台大醫院檢查。那時沒有超音波，也沒有電腦斷層，都是透過探測性剖腹手術，才知道問題的嚴重性。外科醫生下了第一刀，就發現陳炳沛已是肝癌末期，才熬過冬天，49 歲的父親便撒手人寰、離開人世。

父逝後痛下決心迎戰肝癌

這對陳定信來說，不只是一記沈痛的打擊，還夾雜著懊惱、怨恨與無力感的痛苦情緒。還沒真正穿上白袍的他，從此下定決心，要正面迎戰這個奪走至親的可怕敵人。

送走父親後，陳定信決定在內科消化道病房實習，在這裡，他每天和奪走父親生命的敵人近距離角力。「哇，肝癌病人真的是太多了，肝病患者住進醫院的 80％都是肝癌，而且都已經出現腹水，隔沒多少就死掉了。」

一直到現在，他仍記得在

大五實習時，第一個照顧的肝癌病人過世時，心裡所受到的衝擊，「那是很FRUSTRATED（沮喪）的。我記得他是個姓李的農夫，那人很憨厚，才住院一個多月就過世了。那時沒有保險，也沒農保，搞不好都要賣田賣地才能就醫。我是有一天早上看到病房空的，才知道他昨晚走了。」

花畢生心血探索肝癌

面對來日不多，病入膏肓的病人，那個眼睜睜看父親過世，糾結著慚愧的無力感又油然而生。最令他難以釋懷的是，怎麼這些都跟教科書上說的不一樣？書上都把肝癌的原因指向喝酒，可是自己的父親滴酒不沾，這些病人也不是都愛喝酒，到底為什麼？！「一定有其他特別的原因。」

父親那個崇尚科學、追求真相的基因，完全複製在陳定信身上，只是他自己萬萬沒想到，他幾乎是用盡畢生的心血，來探究肝癌背後的真相。

當他決定要做肝病研究時，最想要跟隨的，是全台灣研究肝病的泰斗—宋瑞樓教授。甫於今年（2013年）五月底逝世的宋教授於1941年畢業於台北帝國大學（台大前身）醫學部後，一直從事胃腸消化系的研究。在台灣光復前，台北帝大以看日本人為主，日本人很多是胃方面的疾病；光復後，台灣病人多了，不過都是肝的問題，而當時根本還沒有「肝炎」這個病名，所以他可說是台灣肝臟醫學的開拓者。

「攔路陳情」拜師宋瑞樓

宋瑞樓教授對學生的要求十分嚴格，他常在上實習課的時候，把準備不足的女學生「電」到當場哭出來，因此要跟隨他做研究，想也知道會吃不少苦頭。大他三屆的學長戴東原（後來成為台大醫院院長），知道陳定信要跟隨宋教授，還恐嚇他說，「少年仔，你足好膽，敢去跟宋P，你皮要繃緊一點！」

不過，為了能深入探究肝臟領域，陳定信可真豁出去了。「教授很大耶，我怎麼敢去找他。我是在走廊上遇到，藉機向他“攔路陳情”的。而且，

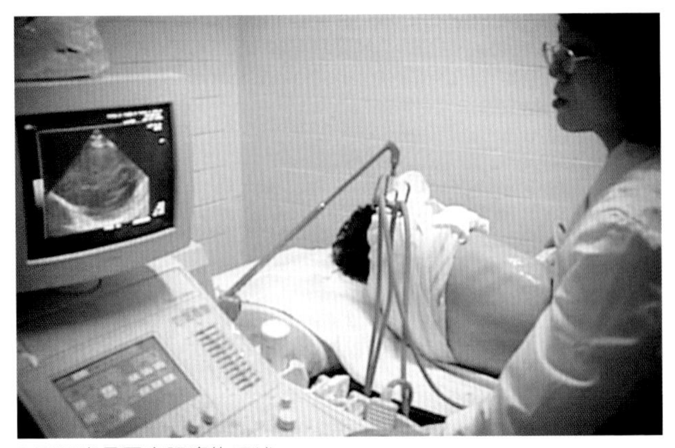
B 型肝炎是罹患肝癌的元凶。

當時宋教授已收了高我一屆的廖運範學長做門徒，要再收我的機會是很小啦。所以我真是硬著頭皮去跟他開口的。」

對臨床研究一向深思熟慮的宋瑞樓，果然一開始並沒有同意，1 個月之後才給了肯定的答案。

寧過清苦生活探究國病

就這樣，陳定信在宋瑞樓的指導下，正式踏上與肝炎奮戰之途。師徒兩人更在日後領軍台灣，打了一場肝炎聖戰。只是，這場與疾病抗戰所動用的人力與資源，規模之大，層面之廣，遠遠都超乎兩人當時所能想像。

當其他同學在畢業後出國，或自行開業的同時，陳定信選擇留在台大醫院，領著公務員的薪資，過著白天看診、晚上做研究的清苦生活，甚至必須兼差看病，才能掙足孩子的奶粉錢。不只如此，在那個物資缺乏的年代，為了順利進行研究，他常常得去跟別人調度儀器，「別人在跑 3 點半，我是跑 5 點，很多東西都得趕在別人下班前，跑去向其他實驗室借鑰匙。」

然而，他不在乎辛苦、待遇和職位，一心只希望能跟著宋瑞樓學習，聯手探究華人國病的主要原因。

赴日進修帶回凝血檢測法

1965 年，美國布倫伯博士發現了 B 肝病毒抗原，使肝炎研究有了新的突破。陳定信在宋瑞樓教授的指導下，使用當時最新的「放射免疫分析法」，結果竟然發現，在慢性肝炎病人中，有90%都是B型肝炎病毒引起的，這個數據令大家嚇了一跳。

到底台灣有多少人感染B肝？又有多少人帶原？在當時研究經費有限的情況下，實在無法做大量且有效的篩檢，這時正好日本發展出一種敏感又便宜的檢驗方法，在宋瑞樓的支持下，陳定信負笈前往「日本國立癌症中心研究所」進修。

自認為很努力的陳定信，在外地感受到日本人拚命的幹勁，一向不服輸的他，吃過晚飯後就留在實驗室研究，常常一不小心錯過最後一班電車，索性睡在實驗室裡，就這樣在日本過了4個月，回到台灣居然整整瘦了8公斤。

陳定信領軍下，台大醫院肝癌治療成果豐碩。

他從日本帶回的凝血檢測法，已經比當時台灣本土普遍使用的洋菜膠檢測法準確一百倍。陳定信用這種方法想知道，B型肝炎在台灣到底有多普遍，檢驗結果又令他們大吃一驚。

苦追真相、肝癌元凶現身

台灣成人中，有95%以上感染過B型肝炎，其中，有15%成為B型肝炎帶原者。相較於歐美先進國家，B肝帶原者為千分之一的比率，台灣等於是別人的100多倍，高居世界第一。很巧合地，就在這個結果出爐後沒多久，美國一項大型追蹤計畫也證實，B型肝炎帶原者罹患肝癌的機率是非帶原者的217倍。原來B型肝炎才是肝癌背後真正的元凶，這也解釋了為什麼許多人不喝酒，仍罹患肝癌。

到這裡為止，B型肝炎和肝癌的關連已經非常清楚。只是，B肝是怎麼傳染的？又要如何截斷傳染途徑？這成了陳定信下一個追求的真相。

赴美參與核酸檢驗計畫

1979年，人類開始出現核酸檢驗的技術，陳定信再度接受宋瑞樓教授的安排，前往美國國家衛生研究院（NIH, National Institutes of Health）進修，離上次他到日本國立癌症中心，已經過了6年的時間。

外界以為這兩次的國外進修都是台大醫院的經費，其實不然。「那時台灣政府很窮，哪有錢。日本那次是宋教授跟日本藥廠講的，由日本藥廠support（金援），而NIH是他們對我們的研究題目有興趣，所以是美國那邊出的錢。」

說起這趟美國行，其實還有段小插曲。當時NIH急著要陳定信趕在10月底，加入新的研究計劃，偏偏因為中美斷交，美國大使館撤出，使得台灣根本沒有發美簽的單位。在NIH的催促下，美國在台協會的人員特地跑到陳定信的辦公室，為他專案辦理美簽。

當時還沒有傳真，是打電報到香港報備，然後在台灣蓋的章，所以不到兩天，“This visa issued in Hong Kong”的美簽就下來了。當時，陳定信忍不住酸了美國在台協會的人員，「你們美簽不是要送到香港去嗎？哦，你們的飛機可飛得真快！」

舉家赴美引發起耳語

確定要前往NIH進修後，陳定信的太太許須美也申請到一所大學，夫妻倆就帶著兩個孩子及母親，全家大小一同飛往美國。出發前，他將8對肝癌組織切片的樣本，小心翼翼地放進乾冰，然後再裝進釣魚用的小冰箱，就這麼一路呵護到太平洋彼岸。

1978年的中美斷交，對台灣而言是個劇痛的歷史傷口，台灣孤島在大時代的風雨飄搖中，顯得極其脆弱。陳定信選在這個關頭，攜家帶眷搬遷美國，外界不免開始耳語，說他可能已經做好不回台灣的打算，只有一個人始終相信他一定會回來，就是他的恩師宋瑞樓。

十分有遠見的宋瑞樓教授，

看到了美國 NIH 開始發展更準確的核酸檢驗，於是安排陳定信去美國進修。在這個先進的環境中，和頂尖的學者一起做研究，讓陳定信如魚得水，收獲良多，這時和他熟悉的親友勸他，不如就順勢留在美國，因為這裡先進的設備，一定能有更大的發揮空間。

依約返國帶回先進技術

陳定信很清楚，他出國是為了解決台灣問題，不是為自己找更好的出路，於是在一年後，他依約舉家返台。這時的台灣經濟開始好轉，公共衛生的意識也逐漸抬頭，爾後政府推動的 B 肝防治計畫，陳定信扮演了重要的角色。

從美國，陳定信帶回了 NIH 最新的「分子生物學」技術。同樣是檢驗血液，過去只能進到「蛋白質」而已，但這項新技術，可以進一步深入細胞的核酸，針對「核醣核酸」及「去氧核醣核酸」進行研究。

這種先進的檢驗方式，一層層揭開 B 肝的神祕面紗。原來，很多台灣人在出生就受到感染；到了 20 歲左右，大約有 70%的人被感染過；到了 40 歲，更高達 90%；仔細換算下來，當時全台灣有 13.5%，40 歲以上的成年人是帶原者，這遠遠高於全球 5% 的平均數字。

專家背書展開肝炎聖戰

由於 B 肝病毒愈早感染愈容易變帶原者，如果是母親分娩時將病毒傳染給小孩的話，小孩在長大後有 90%會變成帶原者；如果成年後才感染的話，帶原率通常不到 3%。因此，在出生那刻就截斷母子垂直傳染的途徑，是防範 B 肝最好的策略，為此行政院科顧組成立了「肝炎防治中心」，台灣展開了一場史無前例的肝炎聖戰。

不過，這個政策在剛開始

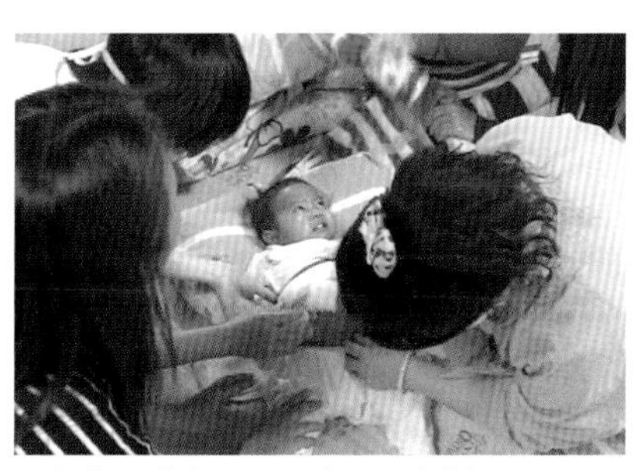

母親懷孕時有 B 肝，孩子受感染機率高。

時，引起極大的爭議，「以前都沒聽過什麼B型肝炎預防注射，為什麼要從我的小孩開始？」「現在全世界沒有任何國家在做，台灣為什麼不多等幾年，等別人施打以後，看看效果如何再說？」「這些做肝炎研究的人太沒良心，只為自己成名，把我的小孩當成白老鼠」

由於其他先進國家罕見B肝，台灣沒有太多的參考及奧援，面對排山倒海的輿論壓力，利弊權衡實在不易拿捏；不過疫苗每晚打一年，台灣就會多出3萬名B肝帶原者。最後，在全球肝臟專家的一致背書下，政府決定採用疫苗，來打擊日益猖獗的B肝病毒。

台灣創疫苗抗癌新典範

在當時行政院科技顧問組召集人李國鼎的力邀下，陳定信成了肝炎防治計畫的重要智囊，負責規劃與評估，並四處演講、上電台廣播；而他的夫人許須美當時也擔任衛生署防疫處肝炎科科長，兩人從餐桌到枕邊細語，全是「防治B肝」。

1984年，台灣成為全世界第一個大規模施打B肝疫苗的國家，先從新生兒下手，再逐步擴大到學童及帶原者家屬，這項成果使得B型肝帶原者，從總人口的15%銳減至不到1%。現在20歲以下的孩子，B肝帶原率已經下降到與歐美一樣的水準，B型肝炎、肝硬化和肝癌預計在20年後，會減少90%以上，肝癌更有機會在2035年以後被踢出國人10大癌症死因之外。

這個漂亮成績，使得WHO會員國187個國家跟進，為兒童全面接種B肝疫苗。台灣從「B肝感染與帶原率」世界第一，到第一個成功以「疫苗抗癌」的國家，不但擺脫B肝的危害，更為人類醫學史樹立新的典範。

主張臨床教育重於理論

在採訪時，陳定信時而夾雜著英語和閩南語，在權威中透著一般學者難得的親切感。白髮皤然的他即將屆滿70歲，也到了退休年齡，不過他除了偶爾騎腳踏車外，幾乎沒任何休閒活動，所有時間都賣給了國家。台大教授每7年就有一年的研究假，他居然都沒有休過。

多年來，看診、研究及開會，成了陳定信生活的重心，不過6年前，台大醫學院院長的行政職，對於凡事力求完美的他來說，顯然有點“吃力不討好”。當時他反對醫學院學生太過依賴共同筆記，因而修改了考試評量的方式，結果引爆學生在BBS上的反彈。

他說，許多醫學院學生把課堂當作是社交場合，只要拿得到共同筆記，這些聰明的孩子就可以拿到高分。但他認為，醫學教育必須重視臨床教學，不能只讀理論、套招式，而忽略和病人及師生之間的互動。所以在他醫學院院長任內，修改考試規定，上課內容只占75％，另外的25％是課外題，希望藉此誘發學生上圖書館查閱期刊的動機。

仔細問診、熱忱對待病患

他甚至多次在接受媒體採訪時表示，當醫生的腦筋不用太好，真正好的醫生是對人要有passion（熱忱），只要病人感受到醫師全心的投入，病就好了一半。他強調，那種一天到晚看電腦，智商180、但看到人就很害羞的人，並不適合走這條路。

也正因為對病人充滿熱忱，陳定信每次問診都相當仔細。有一次，醫院的上午診，他一看就看到下午兩點多，這時下午掛第一號的病人突然很生氣跑進來質問，為什麼先看30號。陳定信只能尷尬頻頻道歉：「歹勢歹勢，我是早上的診。」

效法水牛堅韌吃苦踏實

講這段故事時，陳定信咧著嘴開懷大笑，他雙手抱著的水牛木雕，彷彿也跟著微笑。在鄉下長大的他，始終對水牛充滿了莫名的感情，也一直效法水牛的努力且務實的個性，「每頭牛都很能吃苦、很堅韌，就憨憨做，做到垮了為止。」。真要說起來，他欣賞的水牛特質，其實正是反射的自己，執著、堅毅、刻苦、踏實。

問他什麼時候可以放慢腳步，好好享受退休生活。他說自己忙了幾十年，閒下來會不習慣，而且，看病人已是生活的一部份，「除非我不能動，不然我會一直看下去！」

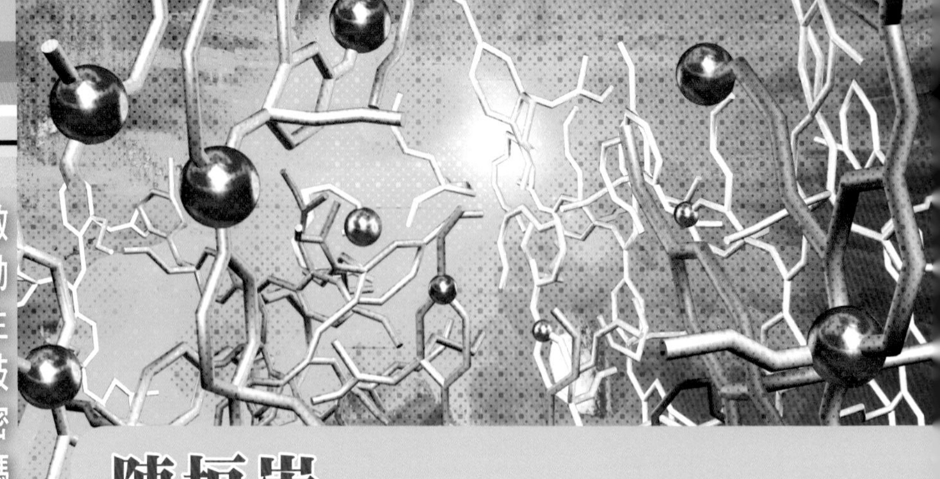

陳垣崇
尋找生命之鑰的罕病救星

出生醫師世家的陳垣崇，總是給人剛正不阿條理分明的感覺，他投注畢生心血研究遺傳基因學，為罕見病童找到解藥，改寫了世界醫療史。

為了貢獻一己之力，他回台帶領中研院團隊致力基因研究，研發了藥物過敏基因的篩檢試劑，讓台灣罕病篩檢領先全球。

他的仁心仁術和視病猶親的真摯，被譽為藥師佛再世；他一再放棄名利雙收的機會、堅持從事研究，選擇人煙稀少之路。但是，他卻因為國內法規的掣肘，一度陷入「圖利廠商」的泥沼當中……！

是什麼樣的力量，讓他能在一次次的挫折裡找到生命密碼之鑰？

Profile

現職

中央研究院生物醫學科學研究所特聘研究員

中央研究院院士

學歷

- 台灣大學醫學院學士
- 美國哥倫比亞大學人類遺傳學系博士

經歷

- 中央研究院生物醫學科學研究所所長
- 美國遺傳學學院發起人
- 美國杜克大學醫學中心教授
- 美國杜克大學醫學遺傳系主任

得獎

- 美國醣原儲存疾病學會榮譽獎（1992）
- 美國最佳醫師獎（1992-2001）
- 美國兒童 Pompe 疾病基金會 JC Pompe 獎第一獲獎人（2000）
- 東元科技獎（2002）
- 李天德卓越醫藥科技獎（2006）
- 發展中世界科學院院士（2006）
- Michael Frank 終身成就獎（2006）
- 台美基金會第 15 屆人才成就獎（科學工程獎）（2007）
- 美國肝醣貯積症學會終身貢獻獎（2008）
- 國科會傑出技轉貢獻獎（2009）
- 美國杜克大學第一屆醫學創新獎（2012）

癱軟病童觸動心弦

鮮花隨著黃泥埋進土中，躺在小巧棺木裡、9 個月的黑人小女嬰就此長眠了。到場為小女孩送行的，除了她的父母親友，還有陪伴她走過人生最後階段的陳垣崇醫生，及陳垣崇所帶領的美國杜克大學醫學中心龐貝氏症（Pompe Disease）藥物研究室 3 位成員。

這場景，約發生在 23 年前（1990 年），當時仍是杜克大學醫學中心教授的陳垣崇還記得小女嬰躺在病床上時的眼神，「她全身不能動彈，表情卻充滿無助；抽血、注射，痛了，她想掙扎，卻只發得出微弱近聽不見的哭聲。」

陳垣崇從電腦中調出女嬰的照片，「是她，讓我更想找出龐貝氏症的解藥。」當時，這個小女嬰被診斷出因先天基因缺陷，缺乏肝醣分解酵素，導致全身肌肉無力，當其他孩子已經會坐、會爬，她卻只能軟綿綿地癱在床上。

尋找龐貝氏症解藥

女嬰父母從不能接受，到用盡辦法尋找解藥，甚至曾想替女嬰進行骨髓移植，最後打聽到杜克大學有位「Dr. Chen」可能會是女兒的救星。於是，這個黑人家庭所屬的教會社區發動募款，努力集資約25萬美元，透過自費方式，希望讓女嬰接受陳垣崇所研發、正在實驗階段的龐貝氏症藥物。

生醫小辭典

龐貝氏症

龐貝氏症（Pompe Disease）是肝醣貯積症第二型，為遺傳性罕見疾病之一，又稱為類似肌肉萎縮症，孩子出生以後會呈現全身軟綿綿的狀態，幾乎無法翻身和行走。此項疾病的主要病因是第 17 對染色體出現病變後，體內缺乏酸性 α- 葡萄糖苷酶，無法分解肝醣，致使肌肉無力，心臟擴大，進而導致心肺衰竭，病童幾乎活不過 1、2 歲。

龐貝氏症分為嬰兒型及成年型兩種，由於診斷不易，不少病童即使早夭也未能被檢出；成人約在 60 歲前發病，病症為四肢無力，最終死於呼吸衰竭。

1960 年左右醫界就發現只要找到進入肌肉及心臟的酵素，龐貝氏症患者就能得救，但在 1960 至 1980 年間許多研究者嘗試使用酵素替代的方法治療龐貝氏症，卻始終因為酵素無法進入病人的心臟和肌肉而宣告失敗，最終由陳垣崇的研究團隊成功發現哺乳類細胞的標誌可被感受體認得，進而研發出新藥。

可惜死神還是帶走了女嬰，「她施打 2、3 個星期後，還看不出藥物效用，就因為敵不過肺炎的折騰，等不及，走了。」

葬禮現場，女嬰模樣依舊可愛。聽著牧師喃喃禱告—「上帝為何做這樣的事呢？為何讓這漂亮的小孩出生？卻又帶走她？」陳垣崇心底突然浮現一個念頭：「她的出現，不正是上帝在督促我們努力研究，為這些龐貝氏症的孩子尋找解藥？」

在此之前，陳垣崇研究龐貝氏症的酵素解藥，已經超過 10 年了。他解釋：「龐貝氏症患者是肝醣貯積症 9 種型態中最嚴重的一型，肝醣會累積在心臟、肌肉等器官上，90% 的患者會在一歲前致死。」

看到病童就恢復鬥志

其實，1960 年代開始，便不斷有生醫學家透過不同方式，想找出可分解肝醣的酵素。研究雖顯示酵素有效，但注射進體內的酵素全跑進肝臟，無法進到肌肉細胞，陳垣崇想找的就是能夠引領酵素進到肌肉細胞的感受體。

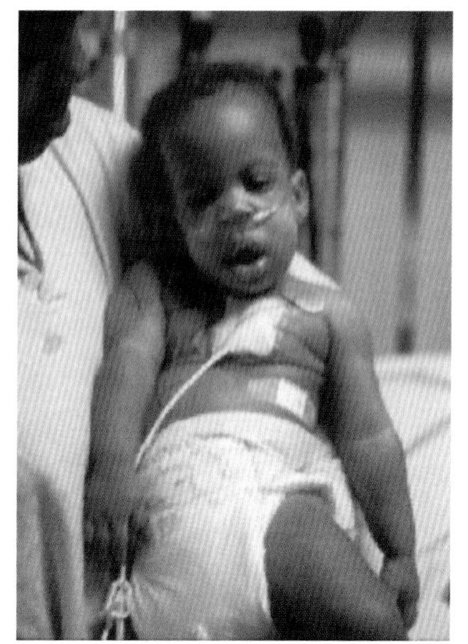

這個因龐貝氏症死亡的小女孩，讓陳垣崇立志找到解藥。（圖片提供：陳垣崇）

研究過程，時而出現曙光，時而又陷入黑暗。每每遇到瓶頸，陳垣崇便會離開實驗室，前往病房看看一個個癱軟的小寶寶。「我常告訴自己，也告訴研究夥伴，我們也許只是實驗做不出來，但他們卻是幾個月後就會失去生命了。」

長期研究，經費也是一大問題，尤其龐貝氏症屬罕見疾病，發生率為三至四萬分之一，就算找到解藥，也是所謂孤兒藥，投資者會願意挹注資金嗎？

辜成允贊助研發罕病藥

一般人可能會拿出財務報表，以「患者需要終生施打，使用期限長」等理由向出資者遊說，但陳垣崇只拿出了小女嬰的照片，與當時剛併購葛蘭素英國藥廠的中橡公司代表辜成允分享，他告訴辜成允：「這是個好美麗的小女孩。」

辜成允就此忘不了小女孩的神情，並於1994年透過美國子公司Synpac拿出第一筆資金，之後3年連續挹注陳垣崇的實驗室近百萬美元，研究團隊也從原有的4人增加至10人。

1995年，也是女嬰過世後的第5年，陳垣崇研發的藥物Myozyme終於進入動物實驗階段。他帶領研究團隊前往日本，以日本罹患龐貝氏症的鵪鶉鳥作為實驗對象，來來回回，實驗總計歷時4年。「日本人注意到這些鳥突然不唱歌、不能翻身，研究發現同樣是因無法分解肝醣而導致肌肉無力。」

臨床實驗期間關切不斷

經過陳垣崇7次的治療，原本不會唱歌的病鳥竟然站起來了，甚至會飛了，他想要終止龐貝氏症孩子活不過2歲魔咒的心願，終於往前邁進一大步。

1999年，Myozyme進入人體臨床實驗，3位龐貝氏寶寶開始接受新藥治療，另一方面，無法參加臨床實驗的病人家屬因為焦急而不斷表達不滿，陳垣崇的研究團隊不時接到美國國會、參議院、北卡羅納州州長、甚至白宮打來的關切電話，《紐約時報》更透過報導質疑：為何不能多做些藥來幫助更多龐貝氏症患者?

面對種種壓力與質疑，陳

龐貝氏症動物實驗所用的日本鵪鶉鳥，右邊病鳥呈現無法站立的模樣。（圖片提供：陳垣崇）

垣崇以一篇文章《A Doctor's Helplessness》（一個醫生的無助，刊載於《紐約時報》，標題為報社所擬），道盡內心的不捨，但也表達在艱困的階段裡仍不清楚如何有效率地進行藥品製作，尤其尚不知藥物是否有效，因此即使想要幫助這些龐貝氏症的孩子，卻有力不從心的無力感。

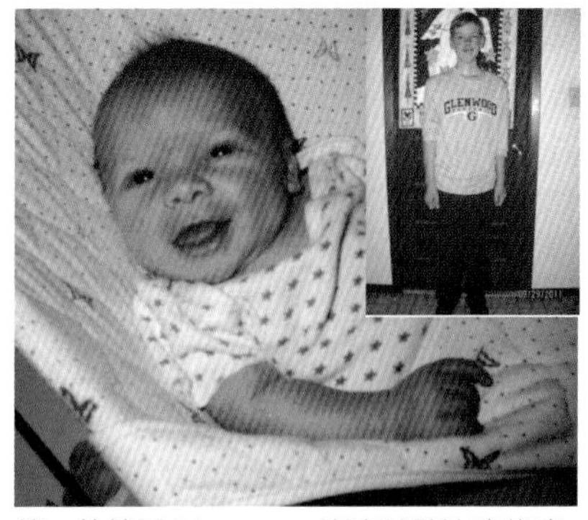

第一位接受 Myozyme 臨床試驗治癒的病童傑森。（圖片提供：陳垣崇）

將研究成果帶回台灣

3 年後，兩位接受臨床試驗的病童先後病逝，但年紀最小的傑森卻活了下來。「未能存活的 2 位，都是出生幾個月後才開始注射，肌肉已受損，身體將酵素當成外來物質，產生抗體予以排斥，因此療效不如預期；但傑森不一樣，他因哥哥也死於龐貝氏症，因此一出生就接受臨床實驗，體內尚未產生抗體，癒後效果極佳。」

Science/Health　The New York Times

Questions: Heredity plays no role in Alzheimer's disease　Answers:

November 23, 1999

LETTERS

A Doctor's Helplessness

To the Editor:

As a physician who specializes in Pompe disease, I have been helpless in preventing the death of many babies who are born with this deadly disorder ("In Quest to Cure Rare Diseases, Some Get Left Out," Nov. 16).

So I thoroughly understand, and share, the grief that Eric Godek's parents feel in not being able to enroll their son in our tiny clinical trial testing an experimental therapy long in the making at Duke.

The decision not to enroll Eric had to be made because his inclusion could have resulted in a critical shortage of the drug for the babies already enrolled and being treated. The trial was designed for three patients because we have only a small amount of the recombinant protein, which took more than two years to produce.

Because it has never been used in humans, we didn't (and still don't) know how much of the drug these children will ultimately need, based on how long they live and whether complications arise.

We can only hope that the trial will prove successful and that in the future, children can be saved and their families can be spared the pain of losing a loved one to this dread disease.

DR. Y. T. CHEN
Durham, N.C.

陳垣崇在研究龐貝氏症的過程壓力重重，於是將其心情投稿到《紐約時報》。（圖片提供：陳垣崇）

他再次調出電腦檔案，照片中的傑森從寶寶到成長為 13 歲的少年，時而溜直排輪，時而扮成小惡魔在萬聖節裡要糖果，時而抹上印地安人妝和同學一起打棒球，「這個孩子的活潑和存活，同時為我們研究者和其他龐貝氏症孩子帶來了希望，證明了龐貝氏症的孩子只要按時注射 Myozyme，也可和一般人一樣享受人生。」

事實上，由於陳垣崇對於家鄉台灣的眷顧，台灣在龐貝氏症藥物臨床試驗上並未缺席，台大兒童醫院吏因檢驗資料集中且完整，被列入全世界 8 個臨床實驗研究中心之一。2005

年起，台大兒童醫院也啟動全球第一個龐貝氏症篩檢計畫，成功篩檢出 7 例病童，在予以施打陳垣崇所研發的新藥後，多數有不錯的療效，尤其早期發現的病童，在注射藥物後，未再出現癱瘓或早夭現象。

研發篩檢基因試劑

長達十多年的研究，總算有了甜美的成果，Myozyme 在 2006 年 4 月 28 日在美國通過全面上市。美國 FDA 宣布通過的那一刻，已是台灣時間凌晨，返台任職中研院生物醫學研究所的陳垣崇家中電話不斷響起，從太平洋彼岸傳來的恭喜聲此起彼落，但陳垣崇一如往常般淡定，「這表示試驗結果還不錯。」他倒頭就睡，沒有太多興奮，沒有太多感慨，只是腦海裡再次浮現 20 多年前那個黑人小女嬰的模樣。

陳垣崇對研究的著迷，並未因過人成就而有所中斷。與龐貝氏症交手的經驗，讓他發現基因與諸多疾病關係密切，於是他轉身投入研究基因與藥物不良反應的關聯。「例

Information

台灣龐貝氏症篩檢

在陳垣崇與台大醫院基因醫學部主任胡務亮的努力下，台大醫院自 2005 年起進行全球第一個龐貝氏症篩檢；2007 年起，台灣新生兒也透過健保給付方式，進行龐貝氏症全面篩檢，以早期發現、早期治療。

胡務亮表示，過去這項疾病通常要在孩子 2、3 個月大時，出現四肢活動力與頭部控制力差的情形，父母才會慢慢警覺到孩子的不對勁，但該病晚個 2、3 個月治療，功效差異很大。

台大醫院基因醫學部主任胡務亮，對陳垣崇的成就極為推崇：「陳院士不僅是遺傳界的前輩，同時也沒忘記台灣，不僅努力讓台灣參與該項臨床實驗，同時有任何訊息都會立刻傳回台灣。」在胡務亮眼裡，陳垣崇的聰明難以想像，對待患者的仁心更是讓人讚嘆。

陳院士與夫人陳德善伉儷情深。（圖片提供：陳垣崇）

如，用於心臟病、中風、血栓性栓塞的抗凝血藥物法華林（wafarin），雖然便宜也有效，但劑量稍多就會流血不止，劑量太低又沒有效果，因此醫師總是不敢使用，如今已經可以透過基因檢測了解病患基因型，藉此將能控制劑量的使用，已掌握心血管疾病的治療黃金期。」

另外，他也研究發現帶有HLA-B＊1502基因者，若服用抗癲癇藥物「卡巴氮平」會引發過敏，嚴重者可能出現燙傷般的黏膜潰瘍、失明、甚至死亡，即「史蒂文強生症候群」，因而導致不少醫療糾紛。因此，他希望藉由基因檢測降低藥物過敏的風險，從對「症」下藥變成對「因」下藥，並研究出可篩檢基因的試劑，避免有此基因的患者併發藥害。

仁心仁術、視病猶親

一場記者會上，前罕見疾病基金會執行長陳莉茵這樣形容陳垣崇：「我原以為藥師佛是高鼻、藍眼睛，但看到陳醫師在回答病童媽媽時的神情，才知道藥師佛原來是長這樣的。」

陳垣崇聽聞此言，害羞地笑了，笑裡盡是不知所措，但當他轉身面對因他研發的藥物而獲救的病童時，臉上又滿是親切。人們的盛讚，他還是不習慣，唯有面對孩子時，才能全然自在。他有追求實驗結果的理性，也有視病猶親的感性，難怪，會被上帝挑選為解開龐貝氏症解藥密碼的使者。

聽從父母建議學醫

很多人以為陳垣崇出身醫生世家，父親是小兒科權威醫師陳炯霖，他自幼又天資聰穎，建中畢業後保送台大醫學系，必然是將當醫師視為第一志願。事實上，拿掉資優生的光環，年少時期的他心底一直藏著一個小孩，這小孩和其他孩子一樣，都害怕醫生。

「我從2歲開始便因罹患肺炎而經常打針。」醫師與針筒的連結，讓年幼時期的陳垣崇相當抗拒醫生；加上50多年前起，對從醫的父親印象就是「辛苦」，即使深夜，只要患者來敲門，父親都得隨時起身為患者診治，與家人相處時間不多，因此他無意繼承衣缽。

他高中時就迷上化學實驗，想念化學系，「這個加一加，那個加一加，泡泡就出來，很有趣。」但母親告誡：「做研究『賺抹』，還是學醫比較有出路。」父親也建議他：「學醫可以救人，也可做研究。」個性溫和的他因而聽從父母親的建議，選擇就讀台大醫學系。

大學對遺傳學產生興趣

正當他讀台大時，人類第一個基因順序剛被決定，「基因決定物種的一切」，讓陳垣崇對遺傳學產生極大興趣，並前往美國哥倫比亞大學研究人類遺傳學。當時基因研究相當冷門，即使是百家爭鳴的美國，也只有5所學校設有相關科系，但他卻很篤定，一路走向研究界的冷僻之處。

「我的大學同學早就都開業了，月入百餘萬元，而我卻到35歲才找到第一份工作，在杜克大學擔任助理教授兼任罕見疾病主治醫師。」陳垣崇吐露了對妻子陳德善的感激：「在此之前，她為了維持生活，一度到成衣工廠工作。」他又低聲笑道：「我太太很納悶，她的生活怎麼和別人口中的醫師太太不一樣？後來才發現她是嫁對了醫生，卻嫁錯了人。」

貢獻所長想讓台灣更好

2001年，陳垣崇接受當時中研院院長李遠哲之邀，返台擔任中研院生醫所所長。當時李遠哲一句：「台灣還不夠好，所以需要你回來。」打動了在美國遺傳學術界頗具地位的他，讓他點頭回到台灣，並於隔年當選中研院院士。

但台灣對生技產業的不夠重視，讓陳垣崇一直感到憂心，「2006年4月28日，Myozyme獲美國、歐盟核准上市的隔天，全世界有170多篇相關報導，就連大陸新華社都有報導篇幅，唯獨台灣媒體隻字未提。」

向來低調的他主動向中研院建議披露訊息，讓台灣人了解「台灣人在生化研究上並非只是跟著別人的腳步走。」為此，不習慣面對鎂光燈的他「硬著頭皮」接受一連串媒體採訪，就是希望讓更多國人了解台灣人在遺傳基因及相關藥物研究上的成就。

清者自清，冤情得解

只是，陳垣崇成為罕見疾病藥物研究上的台灣第一人，也成為國內第一位陷入「違反科學技術基本法」泥沼的學者，甚至被檢調質疑「以生醫所所長之便，連續向世基生物醫學公司採購『核酸分子檢測試劑』、『預測基因檢測試劑』，進而圖利」，所幸最終以不起訴處分，也因此引起學界要求修法，好讓產學合作、技術轉移等法規更為周延。

再談此事，陳垣崇已顯得雲淡風輕，他甚至苦中作樂：「這件事也證明我沒有小三，沒有用小三當人頭的跡象。」話鋒一轉，他強調自始至終沒有「cross the line」，因為

陳院士和學生與助理相處融洽。（圖片提供：陳垣崇）

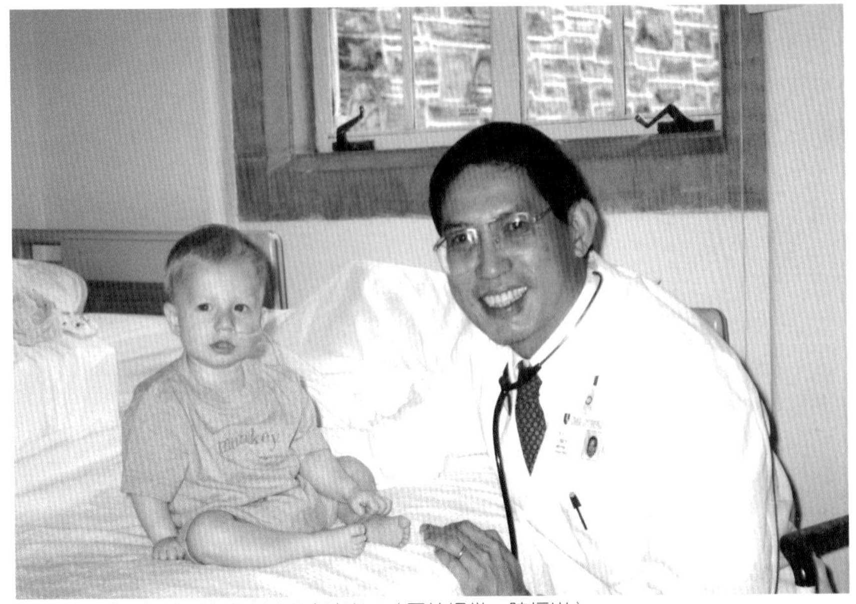
陳垣崇用愛心與耐心治療龐貝氏症孩童。（圖片提供：陳垣崇）

該案是依正常程序3次招標，最後因為無人有相關技術，流標2次，中研院只好指派他擔任得標公司技術顧問，自己連技術股份都未取，「如何圖利？」

他還提到，檢察官調查了一星期後，便告訴他「我們弄錯了」。因為檢調雖然搜到禮券和廠商招待發票，卻又發現禮券其實是他做試劑抽血測驗，所領取的500元營養金；發票雖是廠商請他和研究助理吃中飯，卻是一張「3人吃了一餐總計400元」的發票。

盼生技技轉程序更周延

「沒有人遇到這些會不生氣？」但他寧可正面思考：「雖然我不認同有人將修法稱之為『陳垣崇條款』，但若能因此讓台灣生技技轉程序更周延，不再讓研究學者動輒得咎，也不失為一件好事。」

他的話，讓人想起，他曾說過：「學術研究之路是孤獨的。」他選擇走在人煙稀少之路，若不是靠著單純而正向的信念，如何能在一次次的挫折裡，找到生命密碼之鑰？

科學技術基本法修法

2010 年 6 月，時任中研院生醫所所長的陳垣崇，因該所自 2006 年起向親友投資的世基生醫採購「核酸分子檢測試劑」、「預測基因檢測試劑」7 次，遭檢調以「涉嫌違反科學技術基本法」約談偵辦。

中研院向世基採購的核酸分子及預測基因檢測試劑，為藥物過敏基因的篩檢試劑，是陳垣崇在中研院生醫所研發而成的。在中研院向台灣、美國申請到專利後，曾公開找尋廠商技轉，但當時剛好碰到 SARS，廠商技轉意願很低。

後來，陳垣崇親友為支持陳垣崇研究，集資成立世基生醫公司，由陳垣崇擔任名譽創辦人，陳垣崇妻子陳德善擔任首任董事長，接受中研院技轉金和利潤分配等條件，合法技轉「核酸分子檢測試劑」、「預測基因檢測試劑」兩項專利。

中研院生醫所向世基採購此兩項試劑時，誤觸了「利益迴避」的地雷，所以遭到約談偵辦。

2011 年 3 月，檢調以陳垣崇「無主觀圖利犯意、未違採購法」做出不起訴處分，但針對研究人員技術轉移、技術作價股份高低等問題，卻引發學研界修法聲浪。

2011 年 11 月 25 日，立法院院會三讀通過「科學技術基本法部分條文修正案」，明文規定，由政府補助、委託或出資的科學技術研發所獲得的智慧財產權及成果，歸屬公立學校、機關或公營事業，不受國有財產法相關條文的限制，可依公平效益原則做合適的收益分配，也可因研究業務需要而技術作價投資或兼職。

法規鬆綁後，國科會研議管理辦法，2012 年 12 月 6 日由考試院審議通過「從事研究人員兼職與技術作價投資事業管理辦法」，規定公立機關研究人員將技術作價投資公司，其持股不得超過公司股份 40%，每週兼職時數不得超過 8 小時。

張念慈
根留台灣致力 MIT 新藥

張念慈博士是華人界最具名氣的生技創業家
43 歲那一年，他已是國際製藥界有名的高階主管
在美國擁有透天別墅、有馬場、有果園，人人以
在富足的條件下，他將步入人生下半場，享受衣
無虞的退休生活。

不過，他卻瞞著太太，辭去穩定高薪的工作
只為心裡剛萌芽的創業種子。他的人生故事，充
高潮迭起的戲劇元素，有船塢上的逍遙自在、有
房裡烹調滋味的快樂、有實驗室裡的大膽冒險、
有著創業成敗一線之差的驚險……這些橋段讓他
生命故事豐富多采。

Profile

現職

台灣浩鼎生技董事長

學歷

- 輔仁大學化學系學士
- 布蘭代斯大學有機化學博士
- 美國麻省理工學院博士後研究

經歷

- Cinogen 及 Pharmanex 創辦人
- 如新集團首席科學顧問
- 美國默沙東藥廠藥品化學部主管

得獎

- 輔大校友工商菁英類傑出校友

以小公司創造亮眼成績

1998 年，美國一樁製藥界的併購案，同時驚動了生技界及直銷業。一個名不見經傳的小公司 Pharmanex，被如新集團（Nu Skin）以 1 億 3,500 萬美元收購，這一轉手，獲利就高達25倍。而寫下這個紀錄的，是土生土長的台灣人，張念慈博士。

說張念慈是華人界最成功的生技創業家一點都不為過。他在 43 歲那年開始創業，除了第一次因為經驗不足，資金沒到位之外，其餘的都寫下亮眼的成績：Pharmanex 以 1.35 億美元售出，一躍成為銷售全球的直銷品牌；Optimer 研發的新型抗生素 Dificid，也以 2.24 億美元（約台幣 64 億元）的高價授權日商安斯泰來（Astellas），行銷歐洲市場。

談起他的創業故事，一定得提到他最堅實的創業夥伴，現任中研院院長翁啟惠。張念慈和翁啟惠相識至今 30 多年，兩人是美國麻省理工學院（MIT）學長學弟，當時兩人的實驗室就在隔壁，中午一起吃便當、聊天、討論研究。翁啟惠在 MIT 畢業沒多久，被挖角到加州聖地牙哥的 Scripps 研究中心創立化學所，而張念慈則進入默克（MERCK）國際藥廠服務。

首次創業籌資宣告失敗

一個是實驗室裡權威的學者，一個是產業線上成功的經理人，兩人在原本共有的學術背景，展開不同的訓練與專長，成就日後膾炙人口的創業故事。

1993 年，張念慈、翁啟惠和諾貝爾得主夏普利斯等人，計畫要合組一家化學生技公司，但當時正值景氣低迷，籌資困難，因而計畫宣告失敗。「失敗的原因除了時機不好之外，也因為我們實在是沒經驗。我們寫了一個很好的 Technology Plan，可是裡面居然連個“Dollor Sign”都沒有。從頭到尾都沒提到錢，這樣當然募不到錢嘛」。

痛定思痛補足短處和缺失

計畫失敗後，其他合夥人只得回到校園教書，張念慈不但沒有縮手，反而更加投入，他痛定思痛，徹底檢討失敗的原因。

他知道第一次創業的敗筆在於沒有良好的經營策略，因為他實在不知道如何寫營運企劃書，也不懂得財務報表。於是他找上國際有名的創投公司 Venrock，跟他們談一個合作方式。「當時 Venrock 已完成籌資，準備要成立一個公司，卻找不到有經驗的人幫忙，於是我答應以一年的時間，協助他們建立團隊，交換條件就是他們教我怎麼寫 Business Plan，介紹我認識一些 VC（Venture Capital, 創投），還跟他們講白，一年後我會辭職，自己出去創業。」

就這樣，張念慈以自己原本的專業換得另一個專業。這一年，他把自己當成海綿，一邊吸收實驗室以外的知識，一邊等待下個機會，得以放手一搏。

藥廠經驗奠定創業基礎

在正式創業之前，張念慈在美商默沙東（Merck Sharp &Dohme）、法商諾尼（Rhone Poulence Rorer），和美商 ArQule 等大藥廠磨了 15 年，第一線的扎實經驗，為他往後的生涯顛峰，打下堅固的地基，其中，又以默沙東藥廠的經驗最為重要。

1982年，中國大陸開始「改革開放」，許多從文革中解放出來的中國科學家，分批獲准到美國參訪「資本市場下的科學」，當時在默沙東藥廠服務的張念慈，有機會接待這批科學家。在互動中，雙方談論到中藥與西藥結合的可能性，默沙東藥廠也感到興趣，因而決定由張念慈領導研發人員，與上海及北京大學醫科合作，透過西方科學的驗證方法，挖掘草本植物的特性和療效，並先後研究過全球17,000多種藥用植物。

張念慈，一直以建立台灣的品牌新藥（Taiwan Brand）為使命。

這段機緣為張念慈未來的創業之路，指出明確的方向。

狐假虎威創業策略奏效

1994年，美國食品藥物管理局（FDA）通過一項縮短審核健康食品程序的法案，張念慈知道，這是一個千載難逢的好機會。有了第一次創業失敗的前車之鑑，張念慈知道不能只有很好的Plan，還要有很務實的Business Model。

「這一年我有個覺悟，我一定要找一個大老虎，我要“狐假虎威”才行。於是我就找到很有創業經驗的馬大龍（Bill Mcglashan），那時他是Vectis Group（一家全球性的科技投顧公司）的創辦人，已經是億萬富翁，就和他team up起來，創立Pharmanex。」

由於馬大龍的父親曾經和口服避孕藥的發明人翟若適（Carl Djerassi）共事。馬大龍認為，如果能找到翟若適加入，對於Pharmanex的募資與形象，會有加分效果。但對張念慈來說，要說服這位西方重量級的科學家接受中草藥，似乎是個困難的任務，他不知道，其實翟若適對中草藥印象深刻。

創業鐵三角號召力十足

1979年，翟若適夫婦隨美國總統尼克森訪問大陸，在那次的旅程中，翟若適的太太罹患重感冒，在以中藥醫治沒多久，她的感冒竟完全治癒。翟若適回到美國後，因為好奇而深入研究，結果赫然發現中草藥含有天然阿斯匹靈的成分。這段特殊經驗讓他對中國中草藥有了基本的認同，因此，對於張念慈和馬大龍的邀約，翟若適當場開了一張50萬美元支票，成為Pharmanex的股東。

翟若適的號召力、馬大龍的商業策略、再加上張念慈對中草藥的研究功夫，成了專業的鐵三角，撐起Pharmanex堅強的陣容。

張念慈在募集5,500萬美元後，於1995年正式成立Pharmanex，並一口氣推出5項新產品，包括綠茶、銀杏、紅麴清醇膠囊及冬蟲夏草等等，都在兩年內擠進全美國逾4,000種健康產品中的前20名，年營業額高達7,000萬美元；尤其紅麴清醇膠囊，在短短1年內躍升為全美年度暢銷前10名，這個好成績讓Pharmanex一進戰場就氣勢凌人，不過，卻也因此引來各大藥廠的眼紅。

與FDA交手一炮而紅

由於紅麴清醇膠囊主打促進膽固醇水平，及降低三酸甘油脂濃度，實驗證明能預防心血管疾病，這種健康取向的訴求，立刻引來美國同業的圍剿：紅麴清醇膠囊到底應該算是藥品還是營養補充品？它是否應該透過醫院、藥局，並經由藥師才能販賣？

面對國際大藥廠的抗議，美國食品藥物管理局（FDA）展開調查。FDA認為，紅麴清醇膠囊的作用，超過一般保健食品，應該以藥品加以規範及銷售，儘管它的品質安全及副作用，都經過嚴格審核、安全過關。

剛站穩腳步的Pharmanex立刻陷入一連串的官司纏訟，不過，Pharmanex不但沒有被壓垮，反而因此一炮而紅。

生醫小辭典

紅麴

俗稱紅糟，是一種米類的發酵物，在中國的應用已經有幾千年的歷史。製作的方法是將糯米煮熟、放冷，灑上紅麴菌攪拌放置一段時間，便會發酵而成。

紅麴被視為促進心血管健康的保健食品，主要是因為紅麴中的天然成分紅麴菌素 K（monacolin K）經醫學證實為膽固醇合成抑制劑，能降低導致動脈硬化的壞膽固醇（LDL，低密度脂蛋白膽固醇）。

與翁啟惠再度攜手創業

1999 年 2 月，美國聯邦法院兩次判決 Pharmanex 獲勝，FDA 決定繼續上訴到美國最高法院，後來最高法院認為紅麴清醇膠囊既無安全之虞，認定此事應由 FDA 做最後決定。最後，紅麴清醇膠囊還是得以繼續販售，只是在美國銷售的配方稍有不同，不過美國以外的地區，還是維持原包裝原配方。

與 FDA 交手的過程讓 Pharmanex 愈戰愈勇，知名度和業績因此長紅，吸引不少藥廠叩門尋求合作的機會，其中，也包括了後來的買主，國際知名直銷商如新集團。就在 Pharmanex 成功轉手賣給如新後，原本想休息一陣子的張念慈和翁啟惠再度攜手踏上另一條創業之路。

這時的翁啟惠已是全球知名的醣類專家，而張念慈在藥界的實戰經驗也大受肯定，再加上 Pharmanex 成功的加持，6 年前因資金籌措困難而胎死腹中的計畫，這次在天時、地利、人和的有利條件下，終於順利完成。兩人重起爐灶，在 1998 年於美國加州聖地牙哥創立 Optimer。

回台創立子公司研發新藥

Optimer 是一家以研發乳

癌、前列腺癌疫苗、腸炎抗生素，以及威脅生命的感染性抗生素為主的研發製藥公司。除了張念慈與翁啟惠之外，還包括史隆癌症中心教授丹尼夫斯基（Samuel Danishefsky）和諾貝爾得主夏普利斯（Barry Sharpless）等頂尖人物共同參與。

雖然 Optimer 在美國發展得非常順利，但在台灣出生長大的張念慈和翁啟惠，心繫台灣的生技發展，於是他們將股權出售給現有美國團隊，並回台創立 Optimer 子公司（台灣浩鼎），志在做出自行研發、生產的本土新藥公司。

數學高材生重考化學系

張念慈在生技界的傑出成就，有著很強的學術背景做為後盾，他不但擁有布蘭代斯大學有機化學博士、麻省理工學院博士後研究的頭銜，更曾在國際知名期刊發表超過 69 篇的專業論文，並擁有 39 項專利。

然而，他一開始根本沒打算唸化學系，因為數學才是他最大的強項。

他記得自己在師大附中時，數學檢定是全校第一名；大學聯考時，數學更拿了 115 分的高分（滿分 120 分），也因此應屆考上輔大數學系，正是他的拿手科目。

不過，開學後張念慈卻發現，大學的數學和高中根本是兩碼子事，「大學數學太過抽象，這跟我的個性完全不同」。於是，他決定重考，並將目標鎖定台大化學系。

與輔大的不解之緣

雖然張念慈的數化成績都很優異，卻有個很大的罩門，打從國中開始，他一直對英文非常頭疼。第一次大學聯考時，他的英文科目只考了 13 分，經過一年後捲土重來，他以為英文多少會進步些，還暗自盤算，只要考個 60，就肯定上得了台大化學系。豈料人算不如天算，這一回他的英文仍然只得了 26 分，分發志願的結果，他又回到熟悉的輔大校園。

「那時就覺得輔大應該是前世就註定好，兩次都考到這裡，只好死心蹋地回來唸。」

不過在這裡，他遇見了生命中最重要的兩個人：一個是大學時期教有機化學的老師蔣時聰，另一個是後來成為牽手的翟台茜。

為愛放棄飛行壯志

3 歲就隨家人移民美國的翟台茜，當時是以僑生的身份回台唸書，兩人成為輔大化學系的同班同學，後來還一起出國取得博士學位，並成為人生禍福與共的生活伴侶。至於蔣時聰老師則真正啟蒙了張念慈對化學的興趣，尤其該領域中最枯燥的有機化學，被蔣老師教得十分有趣，原本以數學系為第一志願的張念慈，也因此愈學愈起勁。

雖然如此，張念慈仍沒想到自己在出了校門後，這門科目果真讓他的人生起了極大的「化學變化」。

輔仁大學四年的生活，轉眼就要結束，張念慈從沒想要走向生技業，或者說，那時的台灣根本還沒有所謂的生技產業。由於他的體格和視力都很好，一心想要進空軍官校當戰鬥機飛行員。在大學畢業後，他也真的跑去報考軍校，只不過，隨著翟台茜前往美國唸書，他這個志願就被鎖在青春歲月裡。

拿獎學金赴美卻忙打工

1974 年，剛退伍的張念慈來到美國，雖然拿到了全額獎學金，卻一點也沒打算要進學校，反而在一家中國餐館打工，「我剛到美國也不是想唸書，主要去

張念慈與夫人翟台茜是大學同學，一起攜手人生路。（圖片提供：張念慈）

追女朋友，因為那時英文太爛，唸書唸得好不好，能不能唸得成也搞不清楚，我想，我還是做廚師比較有把握，如果打工打得好，就不用去唸什麼書了。」

那是一家川菜館，生意很好，當二廚的他每天清晨5點就起床，幹到晚上11點，先剝蝦仁，而且一剝就是50磅，還要挑筋、切碎、泡香菇、做餃子、切菜，一直忙到半夜打烊，晚上11點才摸黑回家。

最後，張念慈當大廚的春秋夢仍然被粉碎了，只是，他不是被自己吃的苦嚇壞，而是看到那餐廳老闆的狼狽樣。

大廚夢碎，重回校園如魚得水

為了應付川流不息的饕客，大廚老闆每天拿著沈重的大鐵鍋翻炒，搞出全身腰痠背痛的宿疾，每天早上開店前得先去按摩，不按的話做不了活，下午休息時段再去一趟針灸。張念慈還記得老闆的3個子女每天穿得時髦亮麗，出入都有名貴跑車代步，風光至極…，這樣的光景彷彿反射出未來的自己，讓他嚇出一身冷汗，也打消了開餐館做大廚的想法。

張念慈露出一排白亮的牙齒笑著說，「我一看這種生活還得了，不是人幹的，爸爸每天在惡炒，為了兒女在過。嚇壞了，趕快跑去唸書。」

大學時代愛玩、愛運動、功課也普通的張念慈，到了美國的研究殿堂，居然如魚得水，唸書唸得非常有心得。

美國研究所崇尚創意與自由，尤其博士班的課程少，學生又可任選自己喜歡的科目，這讓張念慈讀出興趣來，也讓他的博士學位不到4年就拿到，之後各大國際藥廠搶著要，就這麼和生技製藥業結下不解之緣。

生活玩家熱愛運動旅遊

雖然年輕時曾與大廚的夢想擦身而過，張念慈在生技界闖出天下後，仍念念不忘這個單純的願望。於是，他在聖地牙哥開了兩家餐廳，一家是日式 Sushi Bar，另一家是 Asian Fusion，走混合路線，中式餐點配上西式風格的裝潢，是當地有名的高檔餐廳，不只如此，家裡都是由他掌廚。對他而言，廚房和實驗室一樣迷人，每每讓他在創意的巧思中，調出變化多端的美味菜色。

張念慈不只是個有品味的美食家，更是個懂得享受的生活玩家，他常旅遊，也常運動，而且他喜歡的運動都需要極大的體力與挑戰，滑雪、騎馬、攀岩、遊艇…等等。

「我選擇的運動都有那種海闊天空的感覺，一葉扁舟似的，像遊艇就是這樣，開到海外，感覺你是和天地融在一起。」

篤信基督、重視自省

在人生態度上，張念慈非常重視“自省”。「像聖經我已讀過好幾遍，每次在讀的時候要用心靈去讀，才能體會其中的哲理。我不喜歡上教會去聽人家講，那對我來講只是個模式，適合大多數的人，但不是適合每個人。我覺得最重要的是，你的心靈如何跟神互動、溝通。」

身為虔誠的基督教徒，張念慈在年輕時一度覺得自己好

張念慈是個懂得品味人生的生活玩家。（圖片提供：張念慈）

家人是張念慈最大的支柱。（圖片提供：張念慈）

像該去當牧師，因為很多人一直對他說，「你這麼虔誠，又這麼成功，也很會講話，你應該做這些事…」，張念慈笑著說，幸好當時這種呼召不夠成熟，否則也就不會有後來的創業故事。

「人就這麼一輩子，應該找到自己最適合、也最值得做的事。」在講這句話的同時，張念慈並沒有明說，什麼才是他這輩子最適合，也最值得做的事。或許，「台灣浩鼎」是他心中的答案。

淡然看待浩鼎權力鬥爭

在國外生技界打拚有成的張念慈，一直以建立台灣的品牌新藥（Taiwan Brand）為使命，所以他和翁啟惠回台創立「浩鼎」。然而，要把浩鼎推向國際，其實並不容易，張念慈首先遇到的，是一場腥風血雨的鬥爭。

由於台灣浩鼎研發的乳癌末期標靶藥 OBI-822/821，市場有高達 200 億美元的潛力，而且已進入三期臨床，這讓美國 Optimer 經營團隊十分覬覦，一直想把 OBI-822/821 收歸擁有，這與張念慈回台創業的初衷不同。2012 年 4 月，Optimer 以「疑似利益輸送」為由，撤換張念慈台灣分公司董座的職務。

張念慈（左）與張念原兄弟倆同在生技界打拚。

張念慈喜歡需要極大體力挑戰的運動。（圖片提供：張念慈）

「這件事對我的影響當然很大，因為我完全是被冤枉的。這如果是發生在我30幾歲時，我一定想到“基督山恩仇記”，不過現在我已60歲，可以很超然看這件事，完全沒有恨意，也不想對任何人報仇。但這不是要退縮的意思，真相和真理總有一天要出來的。」

不慍不火，吃苦當吃補

Optimer這場母公司與子公司的經營權之爭，被外業界視為「權力鬥爭」，一連打了6個多月，最後事實證明張念慈的清白。

「人生中遭遇到的困難也好，成功也好，都是一種試煉。好事不見得是好結果，壞事也不見得是壞結果。」這種接近哲學的處世態度，讓張念慈遇見任何試煉都能淡然處之，即便在爭權奪利的股東大戰中，他始終表現不慍不火的淡定，耐心等待真相大白的一天。一如當初他苦熬練功，一直到43歲火候成熟，才決定出關創業。

這種順勢的水到渠成，並沒有太多的躁動，也沒有「非…不可」的堅持，只因為一直以來，張念慈虔敬領受神的帶領。他露出招牌微笑說，雖然自己從小受洗，但對神的真正了解是中年以後的事，是在對人生有了一定經歷後，才逐漸領悟神的安排。

「人的一生不是一成不變，所以我最大的座右銘是“心靈與智慧要不斷成長”，唯有如此，人生才會更成熟、更快樂。」60年的人生閱歷，加上篤信神的安排，讓張念慈在複雜的人生變化中，愈活愈清澈。

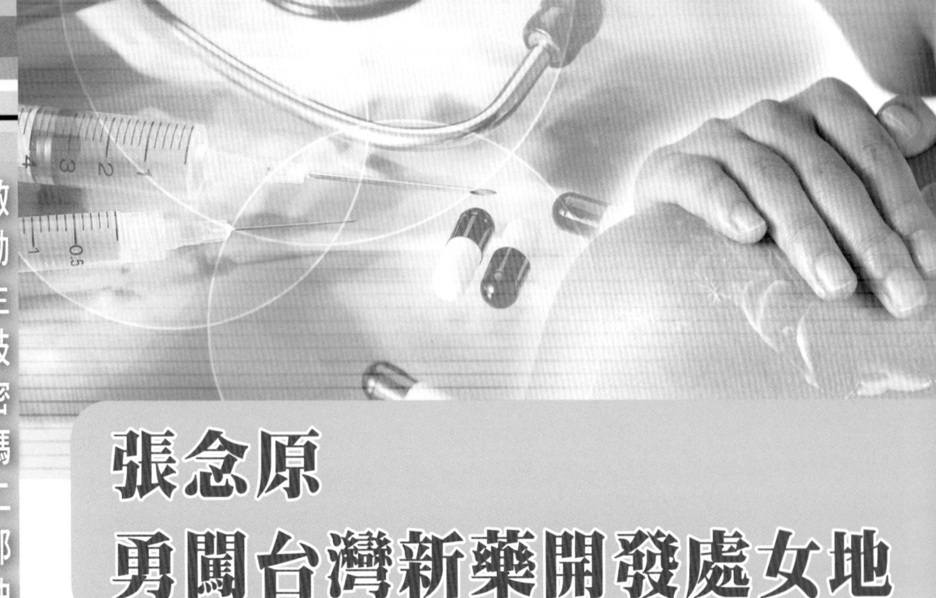

張念原
勇闖台灣新藥開發處女地

21世紀最重要的醫美產品「肉毒桿菌毒素」，因為他的參與，得以普及量產、行銷全球。他在國際大藥廠20年的完整歷練，至今得以匹敵者，寥寥可數。他是中裕新藥執行長—張念原博士。

外商公司的高位豐祿讓張念原衣食無虞，悠閒的退休生活也指日可待，但習慣征服全球戰場的他，捨棄安逸優渥的生活，決定回台貢獻所學，挑戰生技界最難攻佔的領域—新藥研發，在台灣躋身國際舞台的關鍵時刻，扮演靈魂舵手的角色。

愛滋新藥臨床成效佳

台灣南部的豔陽天，小金遮著帽子，戴著口罩，小心翼翼走入醫院大廳，用很快的速度隱沒在走廊深處。醫生仔細看著他的檢驗報告，似乎有點不可置信地向他道聲恭喜。半年前小金每 CC 的血液裡還有 10 萬個愛滋病毒，如今，已經降到 50 個以下，連機器都檢測不到病毒的存在。

在台灣，一共有 4 個產生抗藥性的愛滋病患，他們接受 TMB-355 二期臨床，才短短 24 週，就有 3 人出現不錯的效果，小金是其中之一。

雖然目前有二、三十種愛滋藥，但它們多為口服且副作用太大，對一輩子得服藥的愛滋病人來說，往往難以持續走完療程；加上愛滋病毒變異太快，藥物如果單獨使用，不出幾個月就出現抗藥性。旅美華裔醫生科學家及愛滋病研究權威何大一博士在 90 年代提出雞尾酒複合療法，使得愛滋病可以得到控制，但醫界對這個「世紀殺手」始終無法根治。

Profile

現職

中裕新藥執行長

學歷

- 美國華盛頓大學化工博士
- 台灣大學化工系

經歷

- 美國 Allergan 公司藥廠研發及藥品開發資深主管

專長

- 新藥研發計畫
- 商業發展技術評估與授權
- 產業行銷

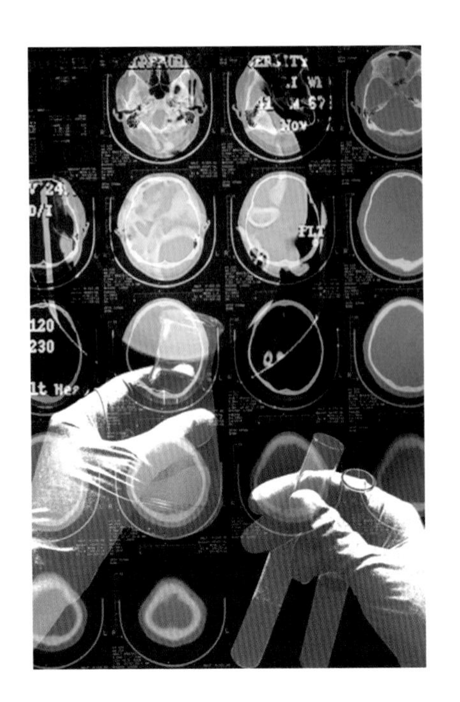

TMB-355 備受各方矚目

TMB-355 是對抗愛滋的單株抗體，也是全球唯一抗 AIDS 的標靶藥物，它的開發進程受到全球關注。由於 TMB-355 鎖定後線市場，競爭者並不多，而且陸續遭到淘汰，使得 TMB-355 成功出線的機會很大。目前第一代的靜脈注射已獲美國 FDA 核准，隨時可以進入三期臨床；而第二代的皮下注射在愛滋預防上，更獲得 Bill & Melinda Gates Foundation（比爾與梅琳達．蓋茲基金會），及 NIH（美國國家衛生研究院）的資金贊助，是極少數受到美國官方支持的新藥開發計畫。

擁有 TMB-355 的中裕新藥，前身為宇昌生技，成立於 2007 年，當初是楊育民、何大一、翁啟惠及陳良博等海內外科學家，經過辛苦的籌資與談判，才順利從 Genentech（基因生技）取得全球獨家授權。

以台灣之名向愛滋宣戰

「當時目標非常明確，台灣需要發展生技產業，但這條路耗時耗錢成功率又低，所以最好的投資就是找到 late stage（後期）標的，集中精力，一棒打下去，只要成功開發新藥，小小的台灣就在世界地圖上佔有一席之地。」當被問到公司成立的動機，中裕執行長張念原這麼回憶著。

當初是希望能成立一家具指標性公司，循台積電模式，由國家投資扶植，以建立台灣生技的產業鏈。在行政院的核准下，國家發展基金（國發基金）也參與投資，並由立法院提出生技新藥條例，完成立法，以補足法源。

這個計畫其實是個意義深遠的歷史任務，所以背負這重任的關鍵人物也得格外挑剔。在這個前提下，前美國 Allergan 藥廠研發資深主管張念原被挖角回台，扛下重責大任。

在美推動美容肉毒桿菌量產

也許張念原在台灣的知名度不高，不過他在美國生技界卻是個響叮噹的人物。尤其家喻戶曉的醫美產品「肉毒桿菌毒素」（Botox），是因為他的參與和催生，才得以普及量產、行銷全球。

Botox「肉毒桿菌」是美國眼科醫師 Alan Scott 在 1980 年代發現的，當初是用來治療鬥雞眼、眼皮下垂或張不開等現象。Allergan 藥廠買下肉毒桿菌所有權後，由張念原擔任此計畫的 Principle Scientist（首席科學家）。

「因為 Scott 醫生的藥只剩一點點，我們必須重新量產，要做各種穩定性、生理化學測試，還要確保新舊藥相近，因為蛋白質藥不是化學合成的，不可能一模一樣。」

單槍匹馬征戰全球

生物製劑（蛋白質藥）的

生醫小辭典

蛋白質藥

以生物為來源、利用基因工程或細胞培養而開發出的藥物，叫作蛋白質藥，這種藥物的純度與活性高、而且生物功能明確，臨床認為更能治療過敏、癌症等高難度的疾病，有別於傳統化學藥可以在實驗室合成。

蛋白質本身因為不穩定、生產不易、複製困難，所以每批蛋白質藥不可能百分之百相同，充其量只能做到「相似」，但一點點的差異又會影響到療效，因此技術門檻很高，藥品價格也昂貴。

生產門檻很高，在 90 年代還很稀少，甚至連美國 FDA，英國 MHRA 等國家衛生單位也都才剛開始接觸，張念原當時的首要任務是和這些單位打交道，並穩定市場供需鏈，所以他必須對法規的制定、產品的特性及製程、測試的方法與行銷等，都做徹底通盤了解。

「我一人單槍匹馬去英國，5 個月內就去了 5、6 趟。在英國和歐盟的 CHMP（Committee for Medicinal Products for Human Use）開會，在長長的桌子邊，我對二、三十人做很正式的 Presentation，因為他們都是專家，問的問題也都很專業。」

那幾年張念原成了空中飛人，來回在歐洲、美國與加拿大之間，後來 Allergan 在北加州蓋廠，為了測試，他一年內就跑了十幾趟。經過一番波折，才得以讓 Botox 的供給端穩定下來，並每年持續以 50%-80% 的速度成長。一直到現在，Botox 仍佔了 Allergan 80％的淨利，營業額也從當時一年幾百萬美元，到現在的 20 億美元。

捨棄高薪回台貢獻己力

當初如果不是 Botox 順利量產，Allergan 可能老早就走上被併購一途，所以 Allergan 能穩定江山，達到如今市值 300 億美元，張念原是關鍵人物。

儘管張念原有很好的職位，很優渥的收入，慣於在全球四處征戰的他卻沒打算停下腳步，總覺得自己應該再做點什麼，「我這人很容易感到無聊，今天要給我肥缺，不用做太多事，我會覺得在浪費時間。」

太太及 3 個女兒都在美國的張念原，其實也從沒想過回台灣工作。但在紐約和何大一面談後，張念原毅然決然捨高薪與安穩的國際外商工作，回台接任中裕新藥執行長的職務。他很誠懇地說，其實多少是想替台灣做點事。

三兄弟都是生技界名人

只是，美國與台灣南轅北轍的企業文化，成了張念原回台灣後最大的「Culture Shock」，幸好，特殊的童年生活，培養了他刻苦耐勞的性格，以及高人一等的抗壓性，讓他在艱困的環境中，用自己的步調，一步步攀越高峰。

張家除了么兒張念原在 Allergan 發揮才情之外，另兩個兄弟在美國生技界也是赫赫有名的人物。他的大哥張念慈是美國上市公司 Optimer 的創辦人，回到台灣成立浩鼎生技，致力於乳癌新藥的開發；二哥張念中則是美國生物統計公司主管，和美國國家衛生研究院一直有著密切互動。

5 歲在忠烈祠時，老蔣總統用濃重的浙江口音問話，張念原一句也沒聽懂，還是旁邊的人幫忙轉述。（圖片提供：張念原）

不少人好奇，是否家庭教育刻意培養孩子走科學這條路，對此，張念原揮手笑著說，「真的是陰錯陽差，誤打誤撞啦」。

在華興育幼院度過童年

張念原的父親在他 6 個月大的時候，就離開人世，篤信基督教的母親含辛茹苦一手帶大 5 個孩子，在那個物資匱乏的年代，生活極其不易。張念原在 5 歲的時候，就和二哥張念中住進華興育幼院，展開了與別人不同的童年生活。

當時，華興育幼院主要是收容烈士遺孤或戰區難童，從幼稚園到初中的小孩都有，總計約 500-600 人；這裡的孩子每天按表操課、睡大通舖，過著軍隊般的生活：早上疊棉被、中午吃大鍋飯、晚上分批盥洗、固定時間就寢。除了寒暑假可以回家外，一整學期 20 個禮拜吃住都在院所裡。

沒有父母隨身照顧，育幼院長大的孩子，總顯得比同齡孩子更成熟獨立，也更能吃苦，張念原也不例外。

考上建中風光離開華興

他從小學一年級就開始自己洗衣服、打掃，二、三年級開始輪值洗盤子、洗碗筷。「我們都在戶外洗衣服，3 盆大水槽，第一槽是肥皂水，浸泡一下就在地上用刷子刷洗；再用第二、第三水槽的水沖一次，用力扭乾後再晾起來。陽明山很冷、水很冰，但這都還好，有時還會觸電哩，這才有意思。」

說起這段苦日子，張念原講得眉飛色舞，活靈活現；一段黑白慘澹的童年生活，被他講成精彩難得的人生體驗。但也正是這種正面思考的能量，讓他不平凡的人生，愈走愈甘甜。

從小學一年級到初中畢業，張念原在華興整整待了 9 年，直到他考上建國中學，成為當屆唯一上榜的畢業生，他才風光離開華興。

進入藥廠接受專業訓練

3 年的建中生涯，張念原一直名列前茅，大學聯考準備選填志願時，他徘徊在電機與化工之間。

當時理工組的前兩志願，常常是電機與化工，兩者不分軒輊，頂多差 3-5 分。不過 1973 年爆發能源危機，讓他決定進入台灣大學化工系，「煉油、鑽油」成了他一心嚮往的工作，連在華盛頓大學攻讀化工博士的獎學金，也都是殼牌石油公司（SHELL）全額贊助。

只是人生的際遇往往是計

Information

華興育幼院

蔣宋美齡女士擔任婦聯會主委時，在陽明山設立了華興育幼院，主要是為收容一江山守軍烈士遺孤及大陳島撤退來台的孤兒，後來陸續增設幼稚園、小學部、初中與高中部。

1969 年，榮獲世界少棒冠軍的金龍少棒隊球員及 1970 年七虎少棒隊員，在政府政策下，保送到華興中學初中部就讀，因而造就了華興棒球隊與美和棒球隊，北南雙雄對峙的棒球盛世。筆者李宗洲即是此時在華興中學與張念原同班三年。

畫趕不上變化。當時他已成家，太太林旗生一直希望能留在加州，這時南加州的 Allergan 剛好也有工作機會，他就這麼順勢進了生技界。

初進 Allergan 時，張念原做的是 Drug Dilivery（藥物輸送），也就是研究藥物進入人體後，如何擴散輸送、循環代謝，他的化工背景在這時派上用場，而除了這個優勢的基礎外，他也開始接受不一樣的專業訓練。

通曉新藥研發、生產、行銷

「在美國大藥廠工作，不是都窩在實驗室的。即使你是做一個純粹的 Research Scientist（研究科學家），大概也只有一半時間真正在做和科學有關的工作，很多其他時間還是要寫 Project Report、參加 Team Meeting，及和外面討論合作的東西。」

在 Allergan 待了 20 年，張念原做過 Project Leader（研發計畫主持人）、Department Manager（部門經理）、Business Development Technology Assessment（商業發展技術評估）、Licensing（技術授權）等等工作，加上 Botox 4 年扎實的訓練，讓他精熟科學專業、生產製造及產業

在台灣開發新藥的歷史時刻，張念原成了華人界罕見的菁英。

行銷等各個層面。

在國際藥界完整的實戰經驗，讓他成了華人界罕見的菁英，在台灣開發新藥的歷史時刻，很自然地，被賦予了重要的任務。

熱愛跑步游泳打球登山

乍暖還涼、春寒料峭的三月天，凌晨 4：30 天還沒亮，剛回台灣的張念原沿著住家附近的外雙溪跑步，不論回到台灣，還是身處美國，他每天固定出門跑 5,000 公尺，而且這一跑就是 20 年。

「跑步對我來講很重要，每天一定要出門跑半小時，一邊跑一邊想事情。我從來不去健身房，對著機器多無聊啊。」

除愛登山外，張念原高中時還曾代表參加校際游泳比賽。（圖片提供：張念原）

愛好大自然的張念原除了跑步外，喜歡游泳，也愛打球，而且什麼球都打，網球、高爾夫、保齡球等等。在學生時代，他還是台大登山社成員，征服過二、三十座台灣百岳，不過在大一時，登山社在征服南湖大山時發生山難意外，有兩名隊友喪生，因此他中斷了 3 年，一直到大四才又再度登高。

爬山猶如面對人生逆境

談起第一次爬山的經驗，他忍不住露出微微的驕傲。那是小學六年級的事，當時他才 11 歲，和兩位哥哥及一個朋友要去合歡山，坐車到台中霧社，準備從霧社上翠峰到合歡山玩雪，卻遇到落石坍方，公路局的車無法開上去，他和兄長只好徒步上山，這一走居然花了一整天、走了 17 公里。

「那時很多人也在爬，有的是阿兵哥，走很快，有的走很慢，我記得有一隊中年人，其中有人說“這麼小的小孩都在走，你們還不趕快”。」

其實對張念原來說，整個爬山的過程，是對生活逆境的一種宣戰，這是他打從華興育幼院時期就有的深切體悟。

從小細節體悟人生智慧

「有時爬山要花上7、8天，要到最後一天才會享受到攻頂的樂趣，前面幾天都是臭泥土，睡得也不舒服。不過如果把前面這段都拿掉，就沒有嚐透整個人生。」

順遂的人生固然省掉很多困擾與挫折，卻也剝奪了很多人生經驗。這一點，張念原也落實在對女兒的教養上。

「我和很多人不一樣，不會想留給小孩很多錢，因為這其實是剝奪她們嘗試的欲望。」

張念原從生活中得到很多智慧。果然，聰明的人不是因為他們的IQ比常人高，而是在生活的小細節中，也能參悟出人生的大道理。

人事精簡、公司小而美

一向注重身體保養的張念原，雖然每隔一兩個月就得台灣、美國兩邊跑，但一席休閒衫及運動鞋，外加後背式帆布包，讓他總顯得精瘦而有活力，一點都看不出已年過半百。雖然如此，他仍自我調侃說，「從頭髮灰白的程度來看，這5年是老了不少。」

張念原從小就熱愛爬山，因為爬到山頂可以看到更美的風景。（圖片提供：張念原）

5年來，為了撙節經費，

張念原以「小而美」的策略經營中裕新藥，將人事開銷縮到極精簡，不但親自主導R& D，甚至連自己的個人祕書都沒有，整個公司不過20幾人，和他在Allergan 當 Global Project Leader 時的規模差不了太多。

不過，最讓他難為的不是公司資源有限，而是在台灣做事除了專業考量外，還要處理很多複雜的人事。這讓過去沒在台灣做過事的他忍不住抱怨，「任何事染上politics就糊成一片。」（註：politics政治色彩，在英文有兩個意義，一個是真的和政府政治有關；另一個是指公司裡外的人事問題。）

企業文化，台美大不同

張念原表示，美國講效率，也尊重專業，董事會主要是協助CEO 經營這個公司；不過台灣不一樣，台灣講求控制，CEO成了董事會的跑腿，沒有照董事會的意願就等著被換掉。曾經有人提醒他，「不管你是什麼位置，台灣公司老闆就只有一個，其他的都是伙計」，但對於這一點張念原始終無法認同。

所幸到目前為止，中裕最大股東潤泰集團總裁尹衍樑相當支持，「如果他不支持，要走台灣那套控制，這公司不會經營到現在這樣，我可能也早在3年前就不幹了。」對台灣大環境的適應、企業文化的摸索、新藥研發與上市的壓力…排山倒海而來，所幸過去那段刻苦的童年生活，讓他在人生不明的轉折處，有著無比的抗

張念原和家人一起開心出遊的舊照。（圖片提供：張念原）

壓性與耐受性。

40 多歲，事業如日中天的黃金期，張念原放膽辭去美國的高薪工作，接下中裕新藥執行長的工作，帶領台灣勇闖新藥開發的處女地。

篤信基督重視內在靈修

「總是試試看，希望能替台灣做點事，即使陣亡了也沒關係。反正我一條褲子穿到破還可以穿，愈舊愈舒服。我太太一天到晚偷偷幫我丟衣服、買衣服，可是我老在衣櫃裡找我的舊衣服。」

外在可以貧瘠，但內心一定要肥沃。對物質生活要求不高的張念原，非常重視內在靈修的工作。

9 歲的他就受洗成為基督徒，過去那可能只是一個身份，但這幾年，宗教在他內心佔了很重要的分量。身為一個興櫃上市公司的主導者，對公司發展的步調瞭若指掌，從中獲利其實也很容易，但張念原自詡為耶和華的跟隨者，要當祂公正信實的門徒：「這是我一天到晚在想的，我認為公義很重要，不義不公，多賺錢又怎樣 ?!」

全力以赴、盡心在我

一向個性正直的他，作風強悍、毫無所懼，當然，他也不是永遠手指指著別人，寫日記成了他反躬自省的方法。

初三那年開始，他為了練習英文，強迫自己用英文寫日記，三、四十年來，一直保持著寫日記的習慣。即便電腦及智慧手機如此普及，他仍喜歡用最原始的方式，用筆一字字地慢慢寫。這些日記本記錄了他心情轉折與感慨，也看到自己碰到問題時如何處理，如何突破難關。

從張念原接手中裕新藥這 5 年來，歷經政黨輪替、資金後續斷炊，到現在還在找夥伴合作三期臨床，這一路走來，如人飲水、冷暖自知。

說起這一段，張念原在無奈的語氣中，仍掛著慣有的笑容。「我喜歡爬山，因為在爬的時候就知道好日子在後面，我很喜歡這種感覺。」如今，他帶領中裕攀越生技界的世界頂峰，儘管這一路危機四伏、險象環生，他誓言為台灣攻下一席之地，親眼領略高嶺上的風景。

張世忠
脫下白袍挽救更多生命

千禧年前夕，大家對於不可知的未來惶惶不安，然而，就在這種焦慮達到頂點的同時，基亞生技公司正式成立。

當時剛過不惑之年的張世忠，毅然走出白色巨塔，卸下眾人景仰的醫師長袍，為自己另闢不一樣的濟世之路。

12 年來，這個總舵手帶著基亞衝破驚濤駭浪，無懼新藥開發的凶險，勇往直前，只因為心中有個夢想——祈求在有限的人生路上，挽救更多的生命。

知足感恩、善解包容

很少有公司像基亞生技這樣，一口氣擁有這麼多元的性格。首先，他很藝術，辦公室裡除了常見的鮮花盆景外，還掛著張杰的水墨畫；他也很科技，自詡為佈局全球的生技公司，永遠在變動的產業策略中征戰；最特別的是，他很人文，有著一種強烈的宗教情懷。

這種藝術的、科技的、入世的、出世的，看似極端衝突的特質，居然在這百坪不到的辦公室裡，融合得洽到好處。嚴格說起來，這種特殊的辦公室性格，是由創辦人張世忠一手揑塑而成。

拜訪基亞這一天，張世忠大步走出辦公室，神情清朗愉悦，講話中氣十足，私毫看不出已年過半百。可能被誇讚慣了，當記者這麼説，他很自然地接著回應，「很多人都説我看起來不像 56 歲。你聽過慈濟講的“四神湯”嗎？它指的是“知足”、“感恩”、“善解”與“包容”；凡事用這 8 個字做為你生活指標，你就會覺得人生很圓滿，很快樂。」

Profile

現職

基亞生物科技總經理

學歷

- 英國倫敦大學 UCL 雷射生物學博士
- 台灣大學醫學系學士

經歷

- 慈濟醫學院醫學系系主任
- 慈濟醫院主治醫師暨主任
- 台大醫院泌尿科主治醫師
- 行政院科顧組生技產業推動小組諮詢委員會委員
- 經濟部法人科專計畫專題審查委員
- 教育部高等教育評鑑中心評鑑委員

投入產業想幫助更多人

在花蓮慈濟醫院當了 12 年的醫師，張世忠耳濡目染深受慈濟文化的影響。他那几淨地一塵不染的辦公桌前，擺著一個素雅的名牌座，上面刻鏤著慈濟蓮花的 LOGO，也刻著張世忠一直以來，最喜歡人家稱呼他的頭銜一張醫師。

張世忠在台大醫科畢業後，先後擔任台大醫院的醫師、慈濟醫院醫師，兼任慈濟醫學院醫學系主任，18 年來，他一直堅守分際，站在研究與臨床的第一線。誰也沒想到，毫無任何商業學識背景的他，居然勇於闖盪晦暗不明的生醫藍海。他投入產業，是想把醫生的角色放大。

但對於媒體用「棄醫從商」來形容他，他其實非常感冒。

盼肝癌不再戕害華人

「我無法跟記者解釋，我不喜歡這 4 個字，覺得它蠻刺眼的，但是我無法改變。所以接下來，我只有努力達成既定目標。」他期待有朝一日，華

張世忠是位熱愛藝術，活潑開朗的科技人。

人最致命的肝癌，能因為基亞發展的肝癌藥物，而讓它變成可以被治癒的疾病。

「歷史只要留下這麼一段，一切都值得了。行醫可能看幾萬個病人，但如果志向更遠大，有好的技術與藥物，救的可能是百萬千萬人。」

因為最原始的初衷來自於救人，張世忠期許自己成為一個儒商，既有儒者的道德與才智，又有商人的財富與成功。猶記在基亞最動盪的草創期，他總是對著不安的員工信心喊話：「全世界只有一種產業能真正地名利雙收，讓你在對自己人生有所交代的同時，也獲得應有的經濟回饋，那個產業就是《生物科技》。」

祖父仁心仁術深烙心靈

45 年次的張世忠，出生在彰化縣的濱海鄉下。從他的曾叔公以降，世代行醫救人濟世，算來他本人已是第四代醫師，如果加上他還在唸醫學院的大女兒，將形成五代行醫的佳話。

雖然出生世代行醫的人家，張世忠卻不是從小立志行醫。「我根本不想當醫生的，我的第一志願是清大核子工程學系。」

雖然如此，祖父仁心仁術的慈悲形象，一直烙印在他小小的心靈。小時候，張世忠常在祖父開設的診所裡磨藥粉，他回憶著，每到農曆歲末之際，祖父總會點火燒掉一疊疊的紙張，那些都是病患沒錢看病而賒下的欠據。當時年紀還小的他，不知道這種菩薩情懷世間難得，只知道祖父在做這件事時，總帶著滿足與欣慰的微笑。

放棄理工考上台大醫科

一直到建中三年級的上學期，一心嚮往理工科系的他都還窩在甲組班（當時的醫科是丙組）。有一天，祖父從彰化打電話來要他回鄉下，說有些話想跟他說。等到他回到南部後，祖父在他自己開的診所，邊泡茶邊抽菸，「阿忠，我看你們這一輩比較會唸書的就你一個，阿公希望如果可以，你轉過來考醫生。」

阿公熱切的眼神，彷彿還映著歲末燒掉的一疊疊欠據，發著火光且炯炯有神。張世忠當下不敢馬上答應，回到台北後還想了好幾天，後來盤算了一下，自己的生物科其實也唸得很不錯，也蠻有興趣的，於是他決定轉組，因平常唸書扎實，就這麼如願地考上台大醫科。

那是他第一次領悟到「機會是給有準備的人」。爾後他總是不斷裝備自己，在最適當的時候，抓住屬於自己的機會。

花蓮慈濟懸壺濟世

台大畢業，服完兩年預官役後，他回到台大接受住院醫師的訓練，很快地，他就要承接衣鉢，完成祖父的遺願。不過，他沒有像其他同學一樣，選擇賺錢的開業醫，而是跑到偏遠地區服務。

由於台灣東部的醫療資源十分貧乏，慈濟功德會在1972年成立義診所，每週固定兩次鄉下巡迴義診，一直到1986年，花蓮慈濟綜合醫院才真正落成開業，在創立初期，慈濟醫院很難招聘到醫師，都是由台大醫院輪流派遣醫師支援。即使經過了一年，各科仍然沒有固定的主治醫師。

花蓮慈濟的創院理念，讓張世忠想起阿公救人的菩薩情懷，於是他在台大總住院醫師任期屆滿後，放棄了包括台大在內5個條件優渥的公家醫院職務，帶著妻小前往花蓮，過著恬淡而有意義的生活。

勇敢追夢永不嫌晚

原本想一生奉獻花東的張世忠，卻因為和好友的閒聊，種下負笈他鄉求學的因緣。

一次聚會，朋友無意間提起了《我的志願》，這個小時候大家都寫過的作文題目，原本只是個平凡而家常的話題，卻讓張世忠打從心底掀起了難以阻擋的漣漪。「對吼，我小時候說過要當博士的，怎麼考上台大醫科後就忘了自己的博士夢咧。」於是，一向劍及履及的他，馬上開始著手準備申請博士。

這個出國攻讀博士的決定，引來週遭朋友略帶揶揄的不解，有人認為他「頭殼歹去」，有人覺得他太過浪漫，當時就連太太都持反對意見。

畢竟已經36歲的他，如果真要攜家帶眷遠渡重洋，一家四口的生活適應與負擔，都是不小的問題。

赴英取得生醫博士學位

他曾經在慈濟發行的刊物裡寫下這樣的心情：決定去英國進修，除了渴望「一飽求知欲，重溫學生生涯」外，也實是對自我期許的再突破和再出發。侷於花蓮一隅，何以知天下？欲「放眼台灣，胸懷世界」，何能故步自封？欲跳脫窠臼，再創新格局，唯一解決之道就是勇敢地跨出國門，接受更先進文化的洗禮和薰陶，哪怕年紀已是一大把。

就這樣，他花了半年的時間說服太太，舉家飛到半個地球外的北國，那時，他的兩個女兒才3歲與6歲。

當初因為阿公一句話，改變自己職志的張世忠，這次要跟著自己的感覺走，他要完成自己理工的夢想。因此，他選擇了倫敦大學雷射生物醫學，這個結合他既有的醫學基礎，又符合志趣的理工領域，讓他唸起來輕鬆自在，不但在第二年獲得醫學院全額獎學金，更只花3年2個月就完成5年以上才拿得到的博士學位。

放棄國外高薪依約回台

這樣的優異表現，讓實習醫院主動提供他專職醫師的工作，只要他點頭，就可以留在環境相對優渥的英國，這對亞洲人來說，是極大的吸引力；不只如此，發明結石震碎機的德國Dornier公司，當時也正準備在新加坡成立泌尿科疾病的研究中心，做為進軍亞洲的總部，甚至開出千萬年薪，要延攬張世忠擔任CEO……。

但這一切，都沒有動搖他回台的決心，只因他曾經承諾證嚴法師，學成一定歸國，以造福更多的病患。

回國不久，他就接下慈濟醫學院醫學系系主任的位子，那年他才40歲，成為台灣史上最年輕的醫學系系主任。在重視輩份的醫學領域，通常50歲才有機會坐上這個位置，張世忠創下的紀錄，令人刮目相看。

基亞生技在許多國際展中都吸引許多的注目。
（圖片提供：基亞生技）

因胞妹關係轉進生技界

然而，就在大家看好他成為下任醫學院院長時，他的人生又出現一個戲劇性的轉彎，而且這個轉彎大到他自己都無法想像。

推掉兩次外人稱羨的好機會，張世忠從英倫回到花蓮鄉下，繼續在慈濟服務了4、5年。西元2000年，時任慈濟醫學院院長的李明亮，被總統府延攬入閣，外界看好接任的張世忠，這時不但沒有順勢當上院長，反而離開了長期耕耘的醫院體系，一頭栽進生技產業，成了基亞的總經理。

掌舵基亞，其實並不在他的人生藍圖裡。原本，他只是胞妹幕後的智囊策士，沒想到，後來竟親上火線戰場。

張世忠3個妹妹裡，有一個是叱咤科技界的風雲人物，她是云辰電子董事長張姿玲。她因緣際會拿到澳洲Progen生技公司新藥研發的計畫，特地請來擁有生醫背景的哥哥幫忙評估是否值得投資，隨後更找來大同的林蔚山、幸福水泥的陳兩傳等人，集資成立基亞生物科技公司。原本是鎖定一名李姓的華裔科學家來當總經理，卻臨時出了狀況，逼得張姿玲極力說服胞兄出面救火。

帶著救人初衷躍向國際

是否離開奉獻20年的醫療界，對張世忠來說是個非常困難的抉擇，前後有兩個星期，他陷入天人交戰的掙扎。在黑暗中，他請教了李明亮院長、江萬煊教授，以及他在英國的指導教授Steven的意見，而這3名學者不約而同給了他相同的答案。

尤其Steven在長達3頁的信中，精闢入裡地分析張世忠的能力、學識與處世態度，然後下了強而有力的結論："Yes, you need a large platform."（你需要更大的舞台）。就這樣，張世忠懸壺濟世的範圍，一下子從台灣拉到全世界。

他向證嚴法師親自報告這個決定，兩人單獨談了3個小時，最後獲得上人親口祝福，「師父笑笑站起來，扶著我的手說，"張醫師我祝福你，但是，你跟慈濟情緣未了"。就這4個字一直綁著我的心，一直綁到現在，而且會綁一輩子。」

從此，張世忠自我期許要作慈濟一輩子的志工，進入產業界到現在，也時時記住當時轉業的初衷。

研發新藥，拯救千萬人

放下醫師權威的身段，張世忠開始以全新角色投入生技產業。那一年，他以45歲的中壯齡投入生技產業中砸錢最多、前景卻最不明的新藥研發，除了3個精神導師給他的鼓勵之外，其實還有他自己的理想：畢竟一個醫師終其一生頂多只能救一萬人，一個新藥成功開發的話，卻可以救千萬人。

張世忠表示，這個起心動念非常重要，基亞早期的股東都有這種認同，所以他們願意拿錢出來，也願意等比較久的時間。

基亞上櫃後，從幾十個股東到現在累積了上萬名投資者，4次的增資不但圓滿達成，而且認股率都高達9成，這代表股東對基亞有信心，也願意跟著一起走、一起築夢。

張世忠認為，這就是無形力量的複製，「以佛學來講，當每個人都說這家公司好，就會形成一種無形的力量，好的磁場與能量就會聚集到這裡來。」

肝癌新藥進入三期臨床

經過12年的耕耘，基亞第三期肝癌臨床試驗已經在台灣、韓國及中國大陸共20多個醫學中心展開，國際知名的肝癌專家陳培哲為全球計畫主持人，台灣地區計畫主持人則為台大教授李伯皇。

這個台灣第一個主導的大規模人體實驗，幾乎涵蓋整個亞洲的重要醫學中心。這一切除了 PI-88 令人期待之外，張世忠在醫界近 20 年的人脈與經營，也是得以進行的重要關鍵。

「到今天，我覺得自己積了很多陰德，更慶幸的是，我做的這些事，老天爺都看到，所以至少今生走到現在都很平順。也就是因為這份感恩，我要把這路走得更平穩更好，才能回報給上蒼。」

英挺才子重情重承諾

有著濃眉大眼的張世忠，外形英挺，聰明健談，是個內外兼具的才子，可以想像年輕時期的他頗有異性緣。據他說，結婚那天來參加婚禮的大學同學都跌破眼睛，因為他娶的是交往 8 年的女朋友。

張世忠和夫人一見鍾情，交往 8 年後決定攜手走未來。（圖片提供：張世忠）

他自嘲說，我外表給人的感覺是比較愛玩，不像是會從一而終的人。然而，如同當初他拒絕高薪，毅然決然從英國回到花蓮一樣，他是個重感情，也重承諾的人。

張世忠和太太柯秀芬，是大二暑假那年參加救國團活動，在中橫健行時認識的，原本不同梯次的兩人，在朋友的搓合下一見鍾情，當時女主角就讀銘傳商專，隸屬於三專部（後來已改制成銘傳大學）。

圓滿解決婚姻問題

面對唸台大醫學院的獨子，張家父母對他交往的對象期望也不低，對於這一點，張世忠能夠理解，也不打算採取激烈的家庭革命。

和血氣方剛的年輕人比起來，他顯得聰明而沈穩，以滴水穿石的耐心，獲得兩全其美的解決。

由於知道學歷這關是個必要的門檻，所以張世忠不斷鼓勵柯秀芬繼續升學，先插班大學，然後再赴日本深造，最後拿到了教育學位。花了 8 年的時間，張世忠沒有讓自己的父母失望，也娶得心目中的美嬌娘，這段故事至今在業界仍傳為佳話。

人生圭臬：不虛此生

婚後的柯秀芬以教育專長，善盡專職母親的責任，讓張世忠放心在事業上衝刺。他常常是辦公室最晚下班，關電燈鎖門的那個人；也常常，他星期假日還到公司去批公文看資料；相對於當初的醫學系系主任，許多人已把它視人生頂點，就待在那兒等待退休，但張世忠總是為自己設更高的標準。連柯秀芬也常對他說，「夠了，你也不需要這麼認真，因為你已經走了人家的兩個人生。」

面對枕邊人的叮嚀，他其實很難照辦，不是故意要當耳邊風，而是他至今奉行的座右銘，常常在心裡一閃而過。

他說，曾經在小書店裡看到一張黑色書籤，上面有一行小字：當你要離開人世時，不妨想想你是否不虛此生。「對我來講，這是人生的震撼，那時才國中的我，便將這句話奉為人生圭臬，在當時我就告訴自己，這輩子絕對要不虛此生。」

「那怎樣才會覺得不虛此生呢？」張世忠用一貫開朗的微笑說：「一旦肝癌藥物開發成功，造福許多患者，這便是最大的功德，如此，我才覺得自己不虛此生。」

一家四口緊密相伴，隨著張世忠完成每一步的夢想。（圖片提供：張世忠）

林榮錦
台灣製藥界的艾科卡

東洋製藥董事長林榮錦一路走來盡是傳奇。他從一個借錢請客戶吃飯的藥品業務員，到現在成為身價百億的生技界大A咖；在他主導營運的14家生技公司裡，有5家是上市上櫃藥廠。

19年來，他出手救活6家瀕臨倒閉的公司，卻在它們上了軌道、平順發展的同時，又大刀闊斧、力求轉型。

如今，在微脂體的技術上，他要挑戰全球最大的關鍵製造廠，成為台灣第一家登頂世界的新藥公司。最令人佩服的是，他沒學過企管、沒唸過EMBA，靠著闖盪叢林的經驗及與生俱來的天賦，用遠見和膽識，一步步建立無可撼動的生技王國。

Profile

現職

台灣東洋藥品董事長兼總經理
晟德大藥廠董事長
智擎生技董事長
永昕生物醫藥董事長
金樺生物醫學董事長
豐華生技董事長
榮港國際董事長
玉晟創投董事長
北京永光製藥董事長
上海旭東海普藥業董事長
得榮生技董事

學歷

- 台北醫學大學榮譽醫學博士

經歷

- 東杏藥品總經理
- 荷屬安第列斯柏雅台灣分公司總經理

藥廠龍頭一度瀕臨倒閉

東洋製藥位於內湖辦公室的入口處，一個透明壓克力的世界地圖攤在潔淨的白牆上，幾盞燈光柔和地點綴著，讓它看來像個美麗的藝術品。這地圖上標示著東洋在各地的分公司以及合作廠商，用一種溫和低調的方式，展現它佈局全球的雄心。一手拉拔東洋長大的主人翁林榮錦，形容自己是以雕塑藝術品的心情來經營事業。

台灣東洋，一個新藥開發及行銷國際的生技藥廠，擁有國際臨床試驗的執行能力，也符合 EMA、FDA 規格的製造能力，以新劑型藥物及生物製劑進軍的市場，包括歐盟、亞太地區、中東地區、非洲及南美洲 30 多個國家，只是誰也無法相信，這個台灣藥界龍頭標竿曾經一度破產，瀕臨倒閉。

19 年前的台灣，已存在 400 家藥廠，但都僅限於生產學名藥（專利過期的藥）或代理國外藥品。這種低門檻的產業，最終因為削價競爭，出現一波波的倒閉潮。1960 年成立的老字號藥廠「台灣東洋」，這時也處於搖搖欲墜的懸崖邊，當時的董事長張天德急著尋求金援及承接者。

接手東洋大砍生產線

以藥品業務起家的林榮錦，當時是東洋藥品最大經銷商，他在藥界多年的叢林戰中，深刻體悟到「藥品代工」與「藥品代理」遲早會被殺成一片紅海，所以一直想自己蓋藥廠，建立自己的技術及品牌。當張天德找上林榮錦時，誰也沒想到，他居然敢接下總負債高達4.6億，每個月持續失血650萬的東洋製藥。

「不知道欸，好像是天生的，我一看資產負債表和損益表，大概可以感覺得到這家公司能不能救。」

憑著資產負債表、損益表，以及與生俱來的直覺，林榮錦確定東洋救得起來，也決定出手相救。他入主後大刀一揮，把7條生產線砍到只剩3條，原本生產的220種藥，只留下30個品項；一夜之間關閉開業診所及藥房的通路，只留大型醫院，使得原本一萬多個客戶瞬間只剩一千多個。

「那20％的客戶，就佔了營業額80％的業績，你就好好去經營那30個品項，做出品質，就可以賣貴一點。」

19年救活6家公司

火力集中的結果，東洋在他接手不到8個月轉虧為盈；

Information

艾科卡

前「克萊斯勒」總裁，義大利裔美籍企業家。因開發人類史上首批的「休旅車」，而成功扭轉公司的赤字營運，解救瀕臨破產邊緣的「克萊斯勒」，也保住數十萬美國員工的生計。爾後他在美國汽車製造的相關產業，提供60萬個工作機會，節省27億美金失業及福利給付，開創美國汽車工業的新時代。自此，人們用「艾科卡」來比喻令公司經營轉虧為盈的企業家。

隨後的晟德、智擎、榮港、得榮、旭東海普等公司，也都在他巧手下起死回生。19 年來，他救活了 6 家公司，也因而贏得「藥界艾科卡」的美譽。

如今，林榮錦一手佈建的醫藥王國，遍及原料藥、水劑藥、癌症藥、心血管重症藥、益生菌、植物用藥等等，2012 年開發的抗癌藥「歐洲紫杉醇」，更成為台灣第一家取得歐洲學名藥證的廠商。

藥品業務出身的林榮錦救活 6 家公司，有「藥界艾科卡」之稱。（圖片提供：林榮錦）

接下奄奄一息的傳統藥廠進行改造，林榮錦為台灣新藥走出不一樣的路，也寫下台灣藥界津津樂道的傳奇。

藥學 VS 商管的拉扯

自幼家貧的林榮錦在大學聯考時，雖然沒能依照母親的期許考取醫科，卻以第二志願高分考上台北醫學院藥學系，不過那時因為籌不出學費，他原本打算辦休學。去學校準備辦休學時，他得知可以辦助學貸款，就這麼自食其力，以貸款的模式完成大學學業。

畢業後他逐漸在生技界闖下一片天地，成為藥學系學弟妹的榜樣，當母校頒給他榮譽博士的學位時，他卻說自己其實對藥學沒什麼興趣，也唸得非常痛苦，在學時都得靠克補（維他命）撐到天亮準備考試，才勉強過關。「我在學校的成績很爛，那時是連滾帶爬、用水沖、用竹竿撥，老師同情我，才勉強畢得了業。」

然而，這個藥學系吊車尾的學生，卻是商學院的資優生，無師自通學了不少商管知識。

有一天，宿舍的同學在看經濟學，他一時興起借來瞄一下，結果居然一個晚上就把整本書看完，還揶揄了一下那同學，「怎麼這麼簡單，你們實在有夠混，這根本不用去上課都會，就像看武俠小說一樣。」後來他利用暑假買鮑爾一的會計學來看，還自修研讀麥可波特的行銷學，在企業管理這塊領域，似乎打從學生時期就展現出不凡的天賦。

創業失敗重回製藥業

儘管對藥學系沒興趣，他還是咬牙唸完，畢業後在必治妥當藥品業務員，一肩扛起家計，賺錢供兩個妹妹唸書。不過台灣早期的製藥環境很差，許多業務員為了爭取生意，吃喝嫖賭樣樣都來，他不願跟著沈淪這種糜爛的生活，於是決定轉行創業。

他投入一種撕不破的名片的行業，但後來經商失敗，從中他學得教訓：「競爭如果不是建立在知識的基礎上，遲早會被淘汰的。」

再次重回製藥產業，他更加努力貼近專業，天天泡在醫院裡。只是當時仍一窮二白，有一次要請一群醫生吃飯，還特地跑去跟當時的女朋友、後來的太太歐麗珠借了5,000元。

當時業務的生意都是建立在人脈與交情上，根本不管藥的品質及研發，這讓林榮錦覺得很不踏實，「我早上請客戶吃早餐，看到別的業務員請吃午餐就有壓力，就要去請下午茶，這時又有人請吃他晚餐，一直很沒有安全感。」

尋找生命週期長的產品

靠著努力建立的關係搏得第一桶金之後，林榮錦開始考量如何提高競爭力，也開始研究國際大廠的經營策略，後來代理一些進口藥品，從生產、製造、行銷，一步步擴大事業版圖。

「餵一個人的胃很簡單，PR就可以餵飽，可是等你的公司愈來愈大時，你要開始思考自己的企業5年後、10年後會變什麼樣子？」

一直這麼問自己的林榮錦，總把眼光放在若干年後。他知道要讓東洋真正脫胎換骨，遠離殺價競爭的紅海，就得盡快找到生命週期較長的產品。

以類新藥拉開東洋格局

東洋製藥因為林榮錦一連

串的「聚焦策略」而改頭換面，每個月的現金入帳也跟著持續穩定，不過他沒有忘記「建立自己品牌藥廠」的夢想。只是「研發新藥」曠日廢時，投入資金又非常龐大，他不確定自己能否承擔這種風險。

但這段高風險高報酬的新藥之路，他找到一個相對安全的辦法。

首先，他改變學名藥的劑型及給藥途徑，例如從注射變口服，讓短效變長效，這種「類新藥」的學名藥，脫離了完全拷貝原廠的宿命，也逐漸拉開了東洋製藥的格局。

勇於在高峰時轉舵

1997 年，東洋與台灣微脂體簽定合作計畫，發展微脂體技術，邁向奈米科技領域，成功開發出全球第三個由微脂體包覆的抗癌藥物力得 Lipo-Doxa。由於

生醫小辭典

抗癌新藥—力得

西元 2000 年，全球第三個由微脂體包覆的抗癌藥力得 Lipo-Doxa（Liposomal Doxorubicin）在台灣上市，是既有的血癌藥物「小紅莓」改良後的新劑型，也是第一個由台灣自行研發的微脂體藥物，是台灣微脂體公司的創業代表作。

俗稱小紅莓的 Doxorubicin，是一種臨床對多種癌症有效的抗癌藥物，不過它的毒性及副作用很強，包括掉髮、心臟毒性、噁心嘔吐等等。力得就是以微脂體技術包覆小紅莓，做成直徑只有 80 到 120 奈米的“奈米小球”，藉由奈米級藥物攜帶的優點，像巡弋飛彈一般直達病灶，如此一來，劇毒的抗癌藥物，既不會在血液中被稀釋濃度，也不會傷害到正常的細胞，劑量減少，副作用也減輕。

「力得」在 2001 年經台灣衛生署核准上市，運用在愛滋病卡波希氏瘤、乳癌和卵巢癌治療上，由台灣東洋藥品公司製造銷售。目前這個健保給付的抗癌藥物，是全世界不到 10 個的微脂體藥物之一，價值不斐，堪稱明星藥品。

這種特色藥的競爭者不多，所以價格削價不會太惡劣，這讓台灣東洋在 1998 到 2005 一路長紅，每年以 25％ 到 30％ 的速度成長。

然而，「藥界艾科卡」果非浪得虛名，在這大豐收的晴天裡，林榮錦仍看到背後暗藏的烏雲。「你會發現一個公司做很龐大的投資，但市場並不買，醫院也虧錢，健保也虧錢。說真的，當時我只知道我該走出去，會走到哪裡不知道，但這是唯一一條生路。」

才從傳統老藥廠轉型、在台灣站穩腳步，馬上就想走向國際，這在當時聽來確實有點吃力。不過一向決策明快的林榮錦，執行效率也高得驚人。

活力充沛一直是林榮錦給員工的印象。（圖片提供：林榮錦）

破斧沉舟轉進另一藍海

為了符合國際規格，得把可能交叉污染的可能性降到最低生產線，為此，林榮錦一口氣裁撤 2/3 的國內廠，將幾億顆藥推出去給別人代工，每年增加成本五、六千萬，讓歐美及日本食品藥物管理單位來查廠。這一連串的舉動讓東洋的製藥成本節節墊高，2005 年到 2010 年之間經營慘澹，2008 年的營收甚至掛零。

從大賺錢到損益兩平，引來部分員工的惶惶不安，也引來短暫的離職潮。「曾經有同事問我，我們製造成本這麼高，公司這樣會不會倒掉？我笑著跟他們說，會呀，所以趁我們現在還很賺錢的時候趕快改變。」

外界看來的一個賭注、一步險棋，林榮錦卻充滿信心。他從不戀棧當下的甜蜜滋味，總在藍海正藍的時候，以破斧沈舟的決心，跳入另一個藍海。

活力充沛、不甘平凡

才從歐洲出差回來的第二天，林榮錦一早就踏進辦公室，儘管年屆花甲，他永遠給人一種活力充沛的印象。過去他靠游泳及爬山健身，最近這6、7年，每星期一到星期五，固定做1個小時的瑜伽，甚至連出差都帶著瑜伽老師。

也許這種對小地方的堅持，往往是成功的主要關鍵。不過學生時期的林榮錦，從來不認為自己會和「成功」扯上關係。

30多年前，林榮錦在學校的安排下到業界實習，那時他做的是藥劑品管，那是一個很簡單、很制式的工作：「就一個藥水點下去，如果呈現藍色就蓋一個“PROVED”。我心想，這輩子完了，以後20年就做這件事，我當時那個台大藥學系的女主管就是這個樣子。」

林榮錦形容自己當時很落魄，也很自卑，在學校看到喜歡的女生也不敢追，後來就跟朋友去YWCA試看看，才在一個假日的舞會上，認識了後來的另一半歐麗珠。

不換豪宅只住起家厝

同樣出身於清苦家庭的歐麗珠，和林榮錦有著努力上進的相似背景，她一路念夜校，靠著半工半讀完成學業，後來離鄉背井，從澎湖到高雄加工出口區工作，每個月才得以穩定領2-3萬的薪水。不過當她得知林榮錦有創業計畫時，二話不說標下一個18萬元的會，這些錢，就成了兩人白手起家的第一塊磚。

30歲那年，兩人結了婚，也陸續生了3個孩子，一開始租的老舊公寓，在創業有成後，以一坪4萬元買下。如今過了25年，林榮錦的身價今非昔比，但夫妻倆仍住在這45坪大的房子裡。他說，「豪宅」對於自己沒有太大的吸引力，也沒想過換一個更好的窗景。

「其實腦袋裡的快樂才是快樂，只有腦袋才會分泌費洛蒙，所以物質的享受你是不會有感覺的」。可能因為從小家境清貧，養成了林榮錦節儉、隨遇而安的個性。問他最大的興趣是什麼，他的回答居然是：「思考未來」。

喜歡思考、善於精算

他喜歡倚在遠企6樓的窗邊，在暮色下一邊欣賞夜景，一邊安靜地想事情，「不見得是為東洋，有時在想能為台灣產業做些什麼」，他輕啜一口咖啡，露出炯炯發光的眼神這麼說。

一向喜歡思考的林榮錦，從年輕時就懂得精算生活中的大小事。曾經因為妹妹的體育課要考投籃，他就帶著妹妹到籃球場，教她計算從場邊到籃下需要的步伐，到了籃下再出手，就這樣協助妹妹順利過關。

多年後，林榮錦仍一貫地喜歡策略性思考。在他的精心佈局下，東洋集團從學名藥、特色藥，跨入抗癌藥，及真正的新藥研發。擅於思考的他總能化繁為簡，在混亂中找到最佳定位。

定位清楚、產品有特色

拜訪林榮錦這一天，他剛和主管開完會，會後見他不時以閩南語，和錯身的同事打招呼，私毫沒有任何架子，而且很特別的是，不論是資深或資淺員工，大家不喊他董事長，而是叫他「林先生」。很顯然，是林榮錦要大家這麼做，似乎希望在開口的剎那，就拉近彼此的距離。「我都把身邊的人當成終身Partner，希望能提供員工一個良性的、共同學習的環境。」

可能因為這份誠懇，林榮錦身邊盡是跟了二、三十年的老員工，一路走來的心得，他語重心長總結成一句話：「企業如果要成功，定位要清楚、產品要有特色，不過，人，才是成敗關鍵。」

為了培養人才、厚植研發實力，東洋不惜投入巨資，從2001年以來，每年的研發經費都超過一億，佔總營收的10%~15%，這十幾年來即便有過經濟不景氣，東洋仍大方地掏錢出來，鼓勵員工出國進修。

「我很反對企業不斷砍成本，我是認為應該增加業績，而增加業績的辦法就是投資未來，知識經濟本來就是這樣，你教育得愈多，溝通的成本愈低，就愈有利公司發展。」

為台灣打造蛋白質藥廠

對林榮錦來說，投資未來是一個良性循環，當員工知識能力提高後，主管也會有相對壓力，公司定位也得更高，他自己也在這成長與互動中，不斷充實自己。例如在東洋決定發展蛋白質藥之前，他自掏腰包到研究所補習班，一口氣上了 40 堂課，以了解蛋白質藥物的產業趨勢。

如今，林榮錦決定透過竹南永昕，興建單一發酵槽 2000 公升的蛋白質藥廠，保守估計 5 到 10 個生產線，讓年產規模達到 2 萬公升。台灣孵蛋孵了 20 年的生物科技，有機會因為這座藥廠而破殼新生。

「如果你光看賺錢的話，現在投資蛋白質藥廠絕對錯誤，問題是，它既然不會成為你痛苦的負擔，你就當成快樂的負擔，終有一天報酬會回來的。」

林榮錦維持一貫作風，在大家還沒有警覺時，就已想好怎麼下這盤棋。只是，這回他考量的，不只是個人旗下的集團，而是整個台灣。「其實我蠻有使命感的，總是要捨我其誰，不然怎麼辦？蛋白質藥即使不是唯一生路，也是很重要的出路，台灣沒有的話，發展生物科技可能只剩下口號。」

曾經扭轉 6 家企業垂死生命的林榮錦，這次因為歷史的使命感，勇於領頭、再度征戰，這次將以台灣之名，開創另一個藍海奇蹟。

林榮錦具有國際觀，一步步穩健踏實地擴大事業版圖。
（圖片提供：林榮錦）

洪基隆
稱霸生技股的微脂體專家

為了讓台灣被世界看見，他想出人頭地；為了讓外國人更了解台灣文化，他用英文寫台灣社會人文專書；深厚的功力，讓他的論文成為教授升級的工具；他的優異表現，讓他甚至獲得微脂體之父 Pahadjopoulos 青睞，聘他做為科學顧問。

美國的種種成就仍不足以把台灣推出去，於是，他帶著畢生研究，回到了故鄉！

因為那個希望世界看見台灣的夢想，他連公司取名都不忘「台灣」兩字，用台灣加上他的專長，成立了台灣微脂體公司，成功研發台灣第一個微脂體藥物「力得」，讓更多癌症病人得到更好的療效。

15 年的默默耕耘，他所領導的台灣微脂體更躍登生技股王寶座。

Profile

現職

台灣微脂體董事長暨執行長

美商 Hermes 生技公司董事長

學歷

- 台灣成功大學化學系畢業
- 德州大學化學碩士
- 加州柏克萊分校化學博士
- 史丹佛大學博士後研究

經歷

- 加州大學舊金山分校微脂體研究實驗室主持人

專長

- 生物膜重組
- 膜融合
- 微脂體技術
- 藥物與基因運送

3 個月讓投資人獲利翻倍

2012 年 12 月 21 日，台灣微脂體（TLC，簡稱台微體）掛牌上市。當天開盤參考價為 158 元，收盤時衝上 278 元。2013 年 3 月 20 日，上市滿 3 個月的那一天，當天收盤價來到了 327 元。短短 3 個月，投資人獲利翻倍。

這當然不是天上掉下來的禮物。這是台微體過去 15 年默默耕耘、穩紮穩打的成果。而一切，其實應該從 1990 年的美國柏克萊大學一個演講談起。

台上，侃侃而談的是來自台灣、在美國專攻微脂體領域赫赫有名的洪基隆。但他演講的主題，是台灣的「媽祖」信仰。台下，在前來聆聽的學子中，有一個人特別認真、特別有感觸，在洪基隆演講結束後，還特地上前向他致意，並且從此結下亦師、亦友、亦父的不解之緣。這個年輕人，是從台灣到美國，當起小留學生的葉志鴻。

微脂體專家深研台灣文化

「當時我就覺得，George

（葉志鴻），跟其他的留學生有很大的不同。他非常認同他的生長的地方，認同他的國家、認同塑造他這個人的環境的民間文化。這是一個很有使命感的小孩。而且很有趣的是，我們聊一聊才發現，他是台中神岡人，我也是台中神岡人！」即使過了 22 年，洪基隆還是記得那一天。

「博士是個很特別的人，因為一般科學家比較不會去談到人類社會學這個層面，他在實驗方面很執著，但他除了在科學領域外，在人文社會方面也很有研究，跟他說話很有趣，收獲很多。」1972 年出生、剛過不惑之年的葉志鴻，當時對這個一開口又是媽祖又是宜蘭歌仔戲分析、台灣特有「瘟神」文化，以及條理分析台灣時政的長者十分景仰。

在美國大名鼎鼎的微脂體專家，為什麼會對社會人文這麼有興趣，甚至還出了幾本關於台灣社會學方面的書籍呢？

生醫小辭典

微脂體

微脂體（Liposome）是由脂質雙層膜（lipid bilayer）所組成的微小球體，1965 年由英國 Dr.Bangham 所發現，由於結構類似細胞膜，引起研究熱潮，而廣泛應用在藥物及美容產品的傳輸。

微脂體的脂質膜主要由磷脂質所構成，磷脂質的磷酸端為親水性，脂質端為疏水性，所以可以同時作為厭水性（hydrophobic）及親水性（hydrophilic）藥品的載體。如果把藥物包在外層脂層結構類似細胞膜特性的微脂體裡面，可以輕鬆與細胞膜融合，並把藥物帶到細胞內。

由於可以達到好的傳輸效果，所以使用微脂體包覆技術的藥物，使用量可降低、副作用也會減少。這類技術目前主要運用在抗癌藥物上面，可直接將藥效作用在腫瘤區，而不會傷害正常細胞，就像巡弋飛彈般精準命中癌細胞。

台灣微脂體公司利用微脂體特性，發展出藥物傳輸載體技術平台和免疫微脂體導向傳輸技術平台。

洪基隆（左）與葉志鴻兩人互信互挺，為台微體掌舵。

「因為，只有徹底地瞭解人類社會學，你才知道自己的根，才明白養成自己的文化。」洪基隆徐徐說著，彷佛一名看透世情的老學究。

想導正外國人偏差觀念

從台灣成功大學畢業後，洪基隆就到美國攻讀博士。他先在德州大學El Paso分校，拿到了化學碩士，之後再到柏克萊專攻微脂體，拿到了化學博士，並在史丹佛大學進行博士後研究。

「剛到美國沒多久，我就發現，那時好多人進行『中國傳統文化』的研究。但是，當時的中國大陸並沒有開放，那些美國人根本進不去大陸。怎麼辦呢？於是，他們就到了台灣。但可笑的是，他們看了台灣的民俗文化，研究了媽祖，研究了當時台灣的社會結構及生活型態，然後，就完成了一篇『中國傳統文化』的研究報告。」

這樣的情況，讓洪基隆為台灣打抱不平。於是他開始認真研究起了台灣的人類學。「因為，我就想，有一天，我要用英文，寫下真正屬於台灣的社會研究，要讓他們知道，他們過去從書中、研究報導中所看到的，並不是『China』，而是『Taiwan』！我要讓他們知道，他們認知上的偏差在哪裡！」

人文為底、科學為用

就這樣，除了做實驗、專研微脂體，洪基隆只要一有空，就栽入社會人類學的研究，從古到今，從內而外，徹徹底底把台灣攪熟了一遍。之後，他更評論

洪基隆雖為微脂體專家，卻也對台灣傳統民俗文化有興趣。

起台灣的時政，關心台灣的民主發展。更完成了他第一個心願，用英文寫了兩本關於台灣社會人文的書「Taiwanese Culture, Taiwanese Society」、「Looking through Taiwan」。

這一切，讓他在理性的科學家身分之外，多了一層感性的人文底蘊。同時，這也成為他日後回台發展微脂體時，相當重要的企業領導風格－追根、求認同，要台灣在國際揚眉吐氣、在世界發光發熱。

演講促成與台大合作機緣

1994年，台灣台北。又是一場演講。主講人還是洪基隆。只不過這次主題，是微脂體。這是洪基隆第一次應邀，在台大醫學院演講。演講結束後，台大腫瘤部主治醫師洪瑞隆留了下來，就像當年葉志鴻找上洪基隆一樣，洪瑞隆與洪基隆促膝長談了起來。

洪瑞隆誠懇的表達希望洪基隆能與他一起發展台灣微脂體技術，這是他的夢想。而對洪基隆來說，這種奈米藥物的新腳步，台灣確實應該跟上，這也是他的夢想。於是，兩個沒有任何親戚關係、名字卻像極兄弟的兩個人，因為英雄惜英雄的情誼，開始攜手朝他們的夢想前進。

接下來，洪基隆便安排了幾名台

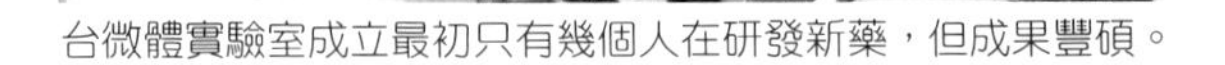

台微體實驗室成立最初只有幾個人在研發新藥，但成果豐碩。

大的研究生到美國實習，傳授他在微脂體方面的專長。

集資百萬美元回台創業

1997 年，洪基隆從實驗室退休，他找了幾名朋友，湊了 100 萬美元，便回到台灣，成立了「台灣微脂體」。這是台微體最初的雛型，沒有員工，只有老闆，實驗室由台大提供，幾個人開始做起了新藥研發。緊接著，他開始在台灣尋找合作藥廠，他一間一間地問，直到第 6 家，台灣東洋集團在董事長林榮錦支持下，成為投資台微體的第一間藥廠。

其實，以洪基隆的條件，他大可留在美國繼續發展，或者過著清閒的退休後生活！但他選擇帶著畢生研究回到台灣，繼續為台灣生技界打拼。

論文成為教授升級工具

在柏克萊攻讀博士時，成績好到被指導教授視為是「升級」的工具。他的第一篇論文，就被刊登在美國國家科學院院誌，400 份的院誌，不到一星期就被索取一空。指導教授也因為洪基隆的 3 篇論文貢獻，在短短 3 年裡，拿到終生職。他的幾篇論文，一直到 10 幾年後，都還有人引用。

研究所還沒畢業，1965

1997 年洪基隆成立「台灣微脂體」。

台微體新藥臨床試驗越來越成功，連帶讓台灣獲得國際認同的願望可望達成。

年諾貝爾化學獎得主伍德沃德（Robert Burns Woodward）在哈佛大學主持的實驗室裡，大家都知道柏克萊有個 Keelung Hong。

優異的表現，也讓洪基隆在 1979 年獲得「微脂體之父」Pahadjopoulos 肯定，正式聘用為科學顧問，之後曾陸續擔任多家生技公司顧問，包括 Nycomed、Salutar、Onyx 和 Sequus 等等。

成功是為了把台灣推出去

「我從以前就希望，有一天要出人頭地、要成功，然後藉由我的力量，讓大家知道『台灣』，要把台灣推上去。」為什麼要這樣？就是因為他深入研究了台灣社會人類學後，他對台灣的認同，或者說，他想要台灣獲得大家認同的願望，遠遠超過他對個人事業成功的冀求。這也是為什麼，他要把公司名稱，直接引用「台灣微脂體」這 5 個字的原因。

「我的專長是在微脂體，現在有機會可以讓我借用我的專長，把台灣推出去，這種機會不能不把握。所以，再怎麼困難，再怎麼渺小的開始（第一桶資金，就是一開始的 100 萬美元），都要努力地去做。」洪基隆笑著，回憶著。那是一種驕傲的回憶。

洪基隆在技術上的專業，是無庸置疑的。因為有他的主持，實驗室得以跳過許多可能犯下的錯誤，讓他們在新藥研發上，不但縮短了時程，也省下了許多銀彈。但是，開公司，光靠技術上的 know-how 並不夠。

專心研發，覓良將掌舵

他不會議價，不懂商場的爾虞我詐。他是科學家，是人文學家，他不是商人。他知道，他少了一個大掌櫃。於是，他想到了在美國的葉志鴻。

葉志鴻在柏克萊時，唸的是建築，後來在密西根大學拿到理工和企管雙碩士，在回台灣加入台微體之前，他是亞洲聯創（Asia Wired Group）的副總經理，負責新創公司的創投融資及財務規畫等等工作，並為多家美商公司規畫亞洲佈局。

葉志鴻在矽谷美商萬通銀行（General Bank）任職期間，進行新創公司及創投的融資評估。另外，在擔任 Hermes Biosciences 財務長時，則是協助簽定與其他藥廠技術轉移和專利授權合約。

洪基隆相信，以葉志鴻在金融方面的專業，絕對可以協助台微體的運作。「我從他十幾歲就開始觀察，我很瞭解他。我想，假如我們兩人可以一起做事，他一定可以補我不足的地方。他的個性 open，親和力又夠，在生意上，他絕對有衝力可以幫我補足。」

葉志鴻以金融的專業，幫助台微體成功運作。

互助互信共推力得問市

2001 年，葉志鴻無視在美國的優渥待遇，辭了工作、飛回台灣，為洪基隆扛起了掌櫃的重責大任，讓洪基隆可以無後顧之憂，專心帶領研究生們從事新藥開發。並且如洪基隆所言，即使他們兩人有意見不合的時候，但他們能溝通，很多事可以互補，最重要的是，他們都有共同的理念。葉志鴻說：「就像我們的企業文化一樣，首先，你得認同這塊土地，你得認同你的公司、你所做的事。」

在相同的共識、彼此認同、互相打氣補不足的認知下，他們一個專心衝研究，一個專心規劃行政財務，2001 年，台微體的第一顆新藥，也是全台灣第一個微脂體藥物，「力得」（Lipo-Dox）問世，並且在台大醫院進入臨床試驗。

很快的，在 2002 年，「力得」獲得健保給付卵巢癌，台微體也分別獲得經濟部 SBIR 補助新台幣 200 萬及 2,000 萬元，執行「Anti-HER2-Liposomal Vinorelbine 的藥物開發」計畫，以及「專一性辨識肝癌的免疫微脂體抗癌新藥研發」計畫。

初試啼聲講究穩健踏實

同年，台微體終於有了新家，並且正式擴編到內湖科技園區，台灣東洋和台微體經營團隊，進行了第 2 次現金增資計畫。

雖然這次擴編，員工人數成長到「2 人」，公司規模小得可以，但是，這卻是個里程碑。對洪基隆來說，這不但是他回來台灣初試啼聲的第一個作品，也是他將台灣推出去的第一步。他踏得很穩，很扎實。

從 2002 年之後，台微體開始大幅成長，新藥臨床測試也越來越順利。2003 年 GMP 工廠設置完成後，公司再度擴編，遷到了南港生技園區。到了 2004 年「力得」獲准成為健保給付乳癌用藥，此時另一款新藥「NanoVNB」進行量產，並且在台大醫院進入第一期臨床試驗，同年年底，台微體進行了第 3 次現金增資計畫。

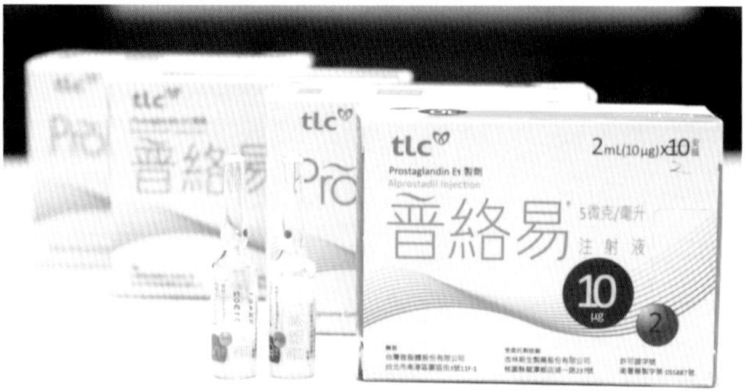

ProFlow®（普絡易），主要是治療糖尿病神經病變、潰瘍和周邊動脈疾病等。

台微體躍登「紅鯡」封面

2005年，台微體在美國成立TLC Biopharmaceuticals公司與實驗室，並在2006年獲經濟部「業界科專計畫」，補助新台幣8,000萬元，執行「雙效抗癌類新藥（ME-TOO）開發」計畫。同年8月底，被稱為「矽谷聖經」的《紅鯡》（Red Herring）雜誌評選為亞洲一百強，並登上雜誌封面，台灣微脂體這個以創新獲得肯定的小企業，瞬間暴紅！

洪基隆笑著說，看到雜誌的第一眼，他當下第一個反應是：「這些記者、評選人的眼光真好！」但讓洪基隆真正開心、欣慰的是：「這算是我真的把『台灣』推上國際舞台的第一步。透過《紅鯡》，全球藥廠、創投公司都知道台灣了，都體認到台灣原來也有能力出新藥！」這是另一個具有指標性意義的重大事件。

也似乎從這時起，台微體開始大幅向前邁進。宛如正要綻放的花苞，蓄勢待發。

帶領台微體在國際綻放

2008、2009年，是台微體相當重要的關鍵時刻。

2008年，台微體獲得經濟部審定符合「生技新藥產業發展條例」的生技新藥公司，可以享有相關的獎勵措施，還獲得經濟部技術處補助3,100萬台幣。

2009年，前往美國進行「雙效抗癌類新藥Lipotecan第一期臨床試驗」計畫，成為台灣第一個進入FDA的生技製藥公司。同年，台微體獲得全球知名生技創投公司「美國博樂集團」（Burrill and Company）肯定，成為該集團在亞洲地區唯一投資的生技公司，並且與股東「上智生技」，共同主導第五次現金增資計畫。

這幾個關鍵事項，讓洪基隆放下心中大石。

低調謙虛、律己甚嚴

「就是從這個時候起，我對台灣微脂體，完全放心了。因為，我確定它是健全的、是扎實的、可以成長的。」更重要的是，這證明他當初找葉志鴻來掌舵，是個再明智不過且正確的決定。

「我一直相信，這個年輕人，絕對可以。」洪基隆也在這時決定，未來台微體就要交棒給這個年輕人。而當侃侃而談的葉志鴻在對公司願景做說明規畫時，洪基隆看著他的眼神，就如同一個父親，專注且慈愛的凝視。除了信任，還有更多溢於言表的驕傲。

而在這之後，洪基隆更專心致力於實驗室的研究，然後，就像武俠小說裡的張三豐及郭靖一樣。隨著功力越來越高，但行事、做人卻越來越低調、謙虛，也益發更嚴格地自我要求。

股價越高代表責任越重

2012 年 12 月 21 日掛牌交易那天，收盤後的數字的確讓洪基隆開心了一下。「我就一直笑，278，剛好 George 喜歡 8，會發嘛！」但他就真的只開心了一小時，因為對股東的責任更大了。

葉志鴻補充：「因為壓力更大了。你要想，278 這個數字，代表的是股東對你的信任及期許，所以我們必須自我審視，我們的表現，我們是不是真的有做到，278 所代表的意義以及它所相對應的成績？」

當公司股價不斷上漲，前景看好時，很多企業老闆都會趁勝追擊，或者擴大規模，或者拓展更多業務。但洪基隆沒有這麼做。他反而時時刻刻都在檢視，公司是否該瘦身？是否有過多的行政層級會阻擋行事效率？還有，最重要的是，「一個企業想要久遠，想要不斷發展，最重要的，就是它的企業文化及環境，以及員工的認同。」所以，他不要有很多沒有向心力、沒有認同感的部屬，他寧可員工少一點，但大家都愛這公司，都跟他一樣，想要把台灣推出去。

多次增資但員工仍未破百

早年研究社會人類學，的確對洪基隆形成深遠的影響。除了寫書，除了利用自己所學專長，讓世人透過新藥領域認識台灣、肯定台灣，他還希望可以透過公司組織的形成，吸引更多同樣具有使命感的夥伴，一起加入台微體，就像當年他看中的葉志鴻一樣，有著和他一樣的理念，一樣的堅持。

「我們也都以身作則，希望能營造大家都是一家人的感覺。」洪基隆笑著說，在過去公司人數還只有三、四十人時，他們都還會由每一名員工輪流主辦員工旅行，一方面讓大家聯絡情感，一方面也藉機進行機會教育，「在你享受別人的服務之餘，你也要學會如何去服務別人。」

就這樣，15 年過去了，台微體經歷了多次增資（2013 年 3 月展開第 8 次大規模的現金增資），格局越來越大，但員工人數卻只有 90 人。

企業文化是永續經營根基

「我們不敢說每一名員工都不會離開台微體，但是，我們確實是每名員工，都發揮了最大的效益。」洪基隆很滿意，他們這 90 個人，因為有著共同的理念及認同，開創了現有的好成績。

眼看著各項計畫都在逐步實現當中，70 歲的洪基隆還沒有退休的打算。他訂出了 5 年內，要爭取到更多國際大藥廠和台微體合作的目標，讓他從小就在追尋的「出人頭地」這個夢想，從個人的功成名就，擴大到對國家的回饋與貢獻。

台微體經歷多次增資，格局越來越大。

作者簡介

李宗洲博士

幼年時是一個熱愛棒球的孩子，1970 年曾擔任國家少棒隊「七虎隊」游擊手，代表遠東區參加威廉波特世界少棒錦標賽，因棒球成績優異，初中進入華興中學就讀。

2011 年 10 月的「行政院生技產業策略諮議委員會議」（BTC），李宗洲博士（左二）與中研院翁啟惠院長（右二）、台大醫院張上淳副院長(左)及 2013 年 3 月剛從羅氏大藥廠全球技術營運總裁退休的楊育民（右）合影。

高中進入高雄中學就讀後，暫時離開棒球生涯，專心向學；1976 年考上東海大學生物系後，開始投入生技相關領域。

大學畢業後赴美深造，取得德州大學博士學位，先後任職於美國國家衛生研究院（NIH）、美國喬治城大學醫學院等機構，在美期間近 20 年。

2003 獲邀返國投入生技研究，2005 年開始擔任行政院科技顧問組生技辦公室主任、行政院科技會報生衛醫農組組主任等職，推動國內生技產業發展不遺餘力。

1970 年七虎隊前往美國比賽後返國，時任行政院副院長的蔣經國親自前往接機，並為年紀最小的球員李宗洲撐傘。

李宗洲（前排右一）與七虎少棒隊成員合影，昔日戰友林華韋（中排右二）今年六月剛獲選為台灣體育大學校長。

生技領域相關著作：

書籍

- 生醫新藍海（2010）
- 綠活新視野（2011）
- 生醫科技島（2011）
- 啟動生技密碼（2011）
- 啟動生技密碼二部曲（2013）

電子書：

- 生醫新藍海 APP 影音電子書（2011/ 包含 3 本電子書）
- 啟動生技密碼 APP 影音電子書（2013/ 包含 4 本電子書）

搜尋關鍵字：生醫新藍海、啟動生技密碼

李宗洲博士（左）製作一系列生醫相關節目，與王翎（右）共同主持的「綠活新藍海」除了探討生醫主題外，更報導台灣綠能產業發展。

李宗洲博士週末最大的娛樂就是登山健行，他經常帶著愛犬從陽明山天母古道走紗帽山，來回一趟約三個半小時。

啟動生技密碼 二部曲 / 李宗洲著 .—
初版 .—台北市；民視文化，2013.07
面； 公分
ISBN 978-986-88738-5-8（精裝）
1. 生物技術業 2. 產業發展 3. 個案研究

469.5 102013531

啟動生技密碼 二部曲

委辦單位 財團法人工業技術研究院
作　　者 李宗洲
採　　訪 鄭怡華、姚怡萱、孫浩玫
攝　　影 吳逸驊、張鎧乙、陳柏宏、吳玟慧
資料提供 民視「啟動生技密碼 二部曲」製作小組
圖片提供 民視「啟動生技密碼 二部曲」製作小組
美術設計 洪嘉偵
封面設計 洪嘉偵、李清福

發 行 人 田再庭
主　　編 谷燕姝、吳玟慧
出 版 者 民視文化事業股份有限公司
地址 台北市八德路三段 30 號 14 樓
電話 （02）25702570
傳真 （02）25772512
製版印刷 歐陵開發 · 鴻霖印刷

總 經 銷 知遠文化事業有限公司
登 記 證 行政院新聞局臺業字第 1601 號
初　　版 2013 年 7 月
售　　價 300 元